Richard Moritz

Die Theorie über die Komplexe Koexistenz der Erscheinungsformen

GRIN Verlag

Bibliografische Information der Deutschen Nationalbibliothek:

Die Deutsche Bibliothek verzeichnet diese Publikation in der Deutschen Nationalbibliografie; detaillierte bibliografische Daten sind im Internet über http://dnb.d-nb.de/ abrufbar.

Impressum:

Druck und Bindung: Books on Demand GmbH, Norderstedt Germany
ISBN: 978-3-656-48647-3

Dieses Buch bei GRIN:

http://www.grin.com/de/e-book/231695/die-theorie-ueber-die-komplexe-koexistenz-der-erscheinungsformen

Richard Moritz

Die Theorie über die Komplexe Koexistenz der Erscheinungsformen

Neuauflage

Autor: Richard Moritz

Widmung:

Dieses Buch ist allen jenen gewidmet, die das Wissen über die Gesetze der Natur herausgefunden und der Menschheit zu ihrem Wohle zur Verfügung gestellt haben.

Inhaltsverzeichnis

Vorwort:

Dieses Buch ist eine Neuauflage. Einige neuere Erkenntnisse wurden eingearbeitet. Es befasst sich mit Komplexitäten, wie der Titel schon verrät. Die Bezeichnung Komplexe Koexistenz bezeichnet die Tatsache, dass bestimmte Energieformen in komplexer Weise zeitgleich existieren. In diesem Falle ist der Begriff komplex von der Mathematik hergenommen (komplexe Rechnungen). Es handelt sich also um Erscheinungen (Kräfte, Energien, Potenziale), die in einem Winkel von 90° zueinander stehen. Komplexe Erscheinungen (im mathematischen Sinne komplex) sind in der Natur viel häufiger anzutreffen als gemeinhin angenommen wird. Alle Übergänge zu einer höheren Dimension (Gerade zur Ebene und von der Ebene zum Raum), sind komplexer Natur.

Besonders im subatomaren Bereich sind sie dominierend (wie dieses Buch darlegt). Viele bisher ungeklärte Phänomene lassen sich mit dieser Theorie erklären. Z.B. die bivalente Natur der subatomaren Teilchen oder die Frage nach den Kondensationspunkten der Materie. Woraus bestehen sie?

Die Theorie der Komplexen Koexistenz kann in folgender Definition zusammengefasst werden.

Definition:

"Die Theorie der Komplexen Koexistenz untersucht und beschreibt die komplexen (im mathematischen Sinne komplex) unabdingbaren Interaktionen von Energien, Kräfte, Felder und Materie. Sie erklärt das Verhalten von EMWen (Elektromagnetische Wellen) und subatomaren Teilchen".

Grundlegende Kenntnisse der Elektrotechnik (oder allgemeinen Physik), der Kernphysik sowie der Komplexen Rechnung sind von Vorteil. Dennoch habe ich mich bemüht, das Gebiet auch für den interessierten Laien verständlich zu machen. Die Hinweise auf die entsprechenden Bereiche erlauben es dem Leser sich aus der gängigen Fachliteratur eventuell fehlendes Wissen zu holen.

Grundlegende Vereinbarungen:

Folgende Gesetze und Vereinbarungen liegen der Theorie zugrunde.

1. Das Energieerhaltungsgesetz

2. Das Verharrungsgesetz (Impulserhaltungsgesetz)

Die Natur versucht immer einen existierenden Zustand aufrecht zu erhalten. Dies betrifft alle stabilen Gleichgewichtszustände.

Es gibt drei Gleichgewichtszustände:
1. stabile,
2. labile und
3. quasistabile.

(Letztere sind Zustände die nur durch ständige Zufuhr oder Wegnahme von Energie aufrecht erhalten werden. Hört die Energiezufuhr oder Wegnahme auf, so geht die Natur automatisch in einen anderen stabilen Gleichgewichtszustand über.)

3. Die Naturgesetze gelten uneingeschränkt auf allen Ebenen der Natur. Die Gesetze im Mikrokosmos unterscheiden sich nicht von denen im Makrokosmos. Allerdings können sich gewisse Gesetze auf den verschiedenen Ebenen in unterschiedlicher Wichtigkeit manifestieren. Z.B. zwei Staubkörner liegen nebeneinander auf der Erdoberfläche, Sie ziehen sich gegenseitig an (Gravitationsgesetz). Sie werden nicht beobachten können, dass sie sich aufeinander zu bewegen. Im Weltraum (gravitationsfreier Raum) werden sie sich aufeinander zu bewegen. Obwohl die Gesetze gleich sind, sind sie im ersten Fall nicht zu beobachten. Daher ist es möglich gesicherte Gesetzmäßigkeiten auf andere Ebenen zu übertragen und Schlussfolgerungen daraus zu ziehen. Besonders im subatomaren Bereich ist es unmöglich direkte Beobachtungen zu machen. Eine Elektromagnetische Welle (EMW) lässt sich nun einmal nicht unters Mikroskop legen und anschauen.

4. Energie ist Materie übergeordnet, da Materie aus Energie aufgebaut ist.

1 Komplexe Kräfte und der Nullvektor

Es gibt viele Kräfte in der Natur, die nicht für sich alleine auftreten. Dies wird oft erst sichtbar, wenn man nach den Gleichgewichtszuständen Ausschau hält. Nehmen wir als Beispiel die Zentrifugalkraft. Man schleudert einfach eine Masse herum und es entsteht eine gerichtete Kraft. Aus den Gleichgewichtsbedingungen wissen wir jedoch, dass der Zentrifugalkraft immer eine gleichgroße Gegenkraft zugeordnet sein muss. Das Kräftepaar Zentrifugalkraft/Zentripetalkraft ist allseits bekannt. Diese Kräfte bedingen (erzwingen) sich gegenseitig. Die Zentrifugalkraft erfolgt zwingend aus der Bahnkrümmung, sie ist das Resultat einer Bewegung, nicht einer (inneren) Kraft. Bewegung und Energie sind gleichzusetzen -es gibt keine Bewegung ohne Energie und keine Energie ohne Bewegung. Kräfte treten nicht in Erscheinung, solange Energie frei fließen kann.

Schauen wir uns mal die Zentripetalkraft etwas genauer an. Die meisten Lehrbücher beschreiben sie als Ursache für die Zentrifugalkraft. Dies ist jedoch Unsinn, da es ohne eine Rotation, weder Zentrifugal - noch Zentripetalkraft gibt. Aber nehmen wir mal einen Fall, wo die Zentripetalkraft Ursache zu sein scheint. Dies ist beispielsweise dann der Fall, wenn sie durch die Gravitation hervorgerufen wird (z.B. das System Erde/Mond). Es ist offensichtlich, dass die Gravitation den Mond anzieht, und dass die Fliehkraft lediglich verhindert, dass der Mond auf die Erde fällt. Aber was macht die Gravitation? Sie zwingt den Mond auf eine Kreisbahn (korrekter gesagt - auf eine gekrümmte Bahn). Um nicht mit der Entstehungstheorie des Mondes in Konflikt zu geraten, nehmen wir einfach einen fiktiven Mond und einen beliebigen Planeten.

Ein vagabundierender Mond bewegt sich geradlinig durch das All. Eines Tages gerät er in das Schwerefeld eines Planeten. Die Gravitation zieht an dem Mond, aber das Verharrungsgesetz verlangt die Aufrechterhaltung des Zustandes "Geradlinige Bewegung". Er versucht also dem Gesetz zu gehorchen und diese (geradlinige) Bewegung fortzusetzen. Die Aufrechterhaltung des Impulses steht im Widerstreit mit der Gravitation. Betrachten wir die Geradeausbewegung des Mondes und die Gravitation (Planet/Mond) als Kraft - oder Energievektoren, so erhalten wir zwei im Winkel von 90°

zueinander stehende Vektoren. Somit haben wir eine komplexe Konstellation. Bild 1.a zeigt diese Vektorkonstellation.

Wenn sich eine Masse geradlinig bewegt, dann wird jede weitere angreifende Kraft (zufließende Energie) zur weiteren Beschleunigung der Masse (oder Verzögerung - wenn die Kraftrichtung entgegenwirkt) verwendet. Greift die Kraft aber nicht in der Bewegungsrichtung, sondern in einem Winkel an, so kann nur der Kraftanteil hinzuaddiert werden, der in der Bewegungsrichtung (oder 180° dazu) liegt. Die zugrunde liegende Gesetzmäßigkeiten finden Sie in der allgemeinen Fachliteratur unter dem Kapitel Zerlegung von Kräften (Vektorenrechnung).

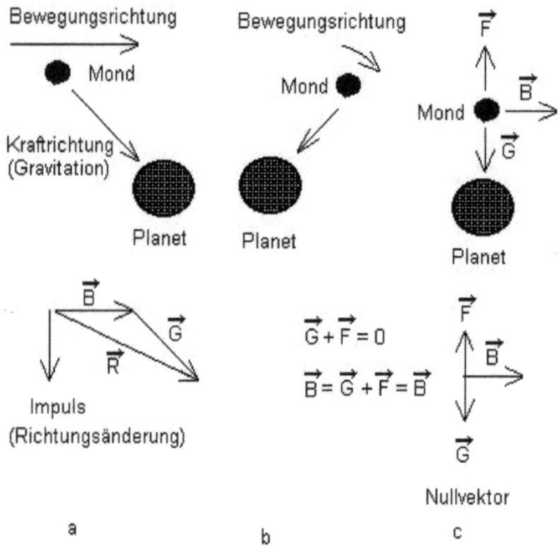

Bild 1

Quer dazu liegende Kraftanteile bewirken einen neuen Impuls, der die Masse 90° zur Bewegungsrichtung in Bewegung setzt. (Bild 1.b). Energie- und Impulserhaltungsgesetz erzwingen dies. Erzeugt das Gravitationsfeld eine um 90° zur Bewegungsrichtung liegend Kraft, so entsteht eine Bahnkrümmung. Gemäß dem Umkehrprinzip dreht sich das ganze nun um und die Bahnkrümmung erzeugt jetzt eine Kraft die 90° zur urspr. Bewegungsrichtung und ebenfalls 180° zur Gravitationskraft angreift. So kann ein

Gleichgewicht der Kräfte aufrechterhalten werden. Als Folge entsteht eine rotierende Bewegung in der der urspr. Impuls (geradlinige Bewegung) erhalten bleibt. Eine "rotierende Bewegung" (Kreisel) ist ein stabiler Gleichgewichtszustand. 90° Kräfte haben einen Nullvektor zur urspr. Bewegungsrichtung das heißt, Die Kraft kann nicht (nicht mal anteilig) zur Bewegungsrichtung (+ oder -) beitragen. Es kann keine Energie fließen, daher bauen sich Kräfte auf. (Siehe auch Vektorrechnung –Multiplikation von Vektoren.)

Der Bewegungsimpuls - geradlinige Bewegung - wird in einen rotierenden Bewegungsimpuls umgewandelt. Somit bleibt der ursprüngliche Bewegungsimpuls erhalten. Die Masse bewegt sich mit der gleichen Geschwindigkeit auf der Kreisbahn, mit der sie sich vorher geradlinig vorwärtsbewegte. Dieses System kann nur stabil sein, weil sich die Kräfte gegenseitig im Gleichgewicht halten.

Dies kann man experimentell nachweisen. Erzeugt man eine Bahnkrümmung ohne aktive Kraft, so benötigt man eine permanente Energiezufuhr, um die Fliehkraft aufrecht zu erhalten. Man kann aber die Zentripetalkraft durch eine andere Fliehkraft (eine durch einen Nullvektor entstandene Kraft, bei der keine Energie fließen kann) kompensieren und man braucht nur noch Energie um die Reibungsverluste auszugleichen (Bild 2).

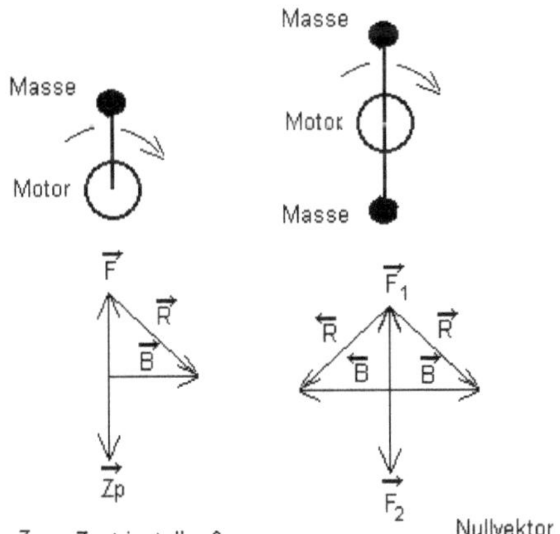

Zp = Zentripetalkraft

Quasistabiler Zustand! Bezieht Energie aus dem Drehmoment des Motors

Kreisel (stabiler Zustand)

Bei dem 1. Beispiel in Bild 2 fließt über das Drehmoment des Motors ständig Energie in das System. Wenn der Motor abgeschaltet wird, fließt weiter Energie aus dem Drehmoment in die Fliehkraft. Da die Energie des Drehmomentes nicht mehr durch den Motor ersetzt wird, wird der zugrungeliegende Drehimpuls aufgezehrt und die Bewegung verlangsamt sich stetig und kommt rasch zum Stillstand. Im 2. Beispiel werden 2 Fliehkräfte erzeugt, die um 180° verschoben sind (Nullvektor). Die Energie fließt vom Drehmoment in die Fliehkräfte und baut diese auf. Wird der Motor nun abgeschaltet, kann keine Energie mehr fließen. Die beiden entgegen gerichteten Fliehkräfte halten sich gegenseitig im Gleichgewicht. Es entstand ein Kreisel (höherer Zustand) und das Impulserhaltungsgesetz zwingt das System in dem Zustand "rotierende Masse" zu verharren. Dieses System kommt nur aufgrund der Reibungsverluste zum Stillstand.

Dies nur zur Verdeutlichung der Thematik Nullvektor. Wir finden überall dort Nullvektoren, wo wir Kräftepaare antreffen, die 90° Beziehungen haben. 180° Nullvektoren, die nicht das Resultat von 90° Beziehungen (mathematisch i^2) sind, verhindern nicht zwangsweise das Fließen von Energie. Nicht jeder Nullvektor ist eine Manifestation einer komplexen Beziehung. - Aber, bei jeder komplexen Beziehung gibt es immer Nullvektoren. Bei allen Übergängen von Dimensionen (Linie zur Ebene oder Ebene zu Raum) sind sie dominierend und hier kann die Theorie der Komplexen Koexistenz angesetzt werden. Ich habe das Beispiel Fliehkraft gewählt, weil es sich als Parallele eignet und sich mehr in unserem Erfahrungsbereich befindet als subatomare Erscheinungen. Wir werden später nochmal darauf zurückkommen.

1.1 Energie/Kräfte/Felder/Potenziale

Energie ist im Grunde Bewegung. Was auch immer sich da bewegt. Im Gegensatz dazu steht Kraft. Die Bezeichnung potenzielle Energie ist eigentlich irreführend, da es sich um Kraft handelt. Energie die aufgestaut wird (die nicht fließen kann) bildet Kraft aus. Man kann vereinfacht sagen, dass Kraft nur aufgestaute Energie ist oder Potenziale die am Fließen gehindert werden. Das Energieerhaltungsgesetz lässt nicht zu, dass Energie verschwindet, deshalb wird Energie (in Form von Kraft) gespeichert. Impulse sind Energie (Masse) in Bewegung, daher bilden gestoppte Impulse ebenfalls Kräfte aus. Die Nullvektoren wirken als Sperrventile.

Felder sind Kräfte die über eine Distanz hinweg wirken. Bekannte Felder sind, Gravitation, Magnetismus und Elektrizität. Eine einheitliche Feldtheorie gibt es bisher nicht. Die Komplexe Koexistenz zeigt jedoch, dass wir Felder nicht auf linearer Ebene angehen können, sondern diese als komplexe Erscheinungen betrachten müssen. Elektrizität und Magnetismus z.B. sind untrennbar miteinander gekoppelt. Magnetismus ist eine sekundäre Erscheinung fließender elektrischer Ladungen.. Distanz ist der gemeinsame Nenner aller Felder, und Distanz gibt es nur wo es ein Gleichgewicht von Anziehung und Abstoßung gibt. Diese lassen sich ohne permanente Energiezufuhr nur mit komplexen Kräften und ausgebildeten Nullvektoren erreichen. Potenziale streben danach sich auszugleichen; sie bilden Kräfte aus, um dies zu erreichen. Soll nun ein Potenzial erhalten bleiben, so muss man ständig von außen Energie zuführen (quasistabiler Zustand) oder man muss das Fließen der Partikel (Potenzialausgleich) mit einem Kräftegleichgewicht (Nullvektor) verhindern. Distanz kann natürlich auch mechanisch aufrecht erhalten werden (technische Anwendung).

Letztlich besteht das ganze Universum nur aus einer riesigen Menge Distanz (Nichts) mit ein bisschen was dazwischen.

Feldern liegen Potenziale, die Feldlinien ausbilden, zugrunde. Kräfte dienen dazu die Potenziale zum Fließen zu bringen. D.h. der Energie ermöglichen zwischen den Potenzialen zu fließen, um einen Ausgleich zu erreichen. Potenziale bestehen aus unterschiedlichen Partikel -Konzentrationen und sind daher eine quantitative Größe, Kräfte sind aber eine qualitative Größe. Potenziale sind Kräften übergeordnet, da sie Kräfte erzeugen können.

Der entscheidende Unterschied zwischen Kraft und Potenzial liegt darin dass sich Kräfte niemals gegenseitig aufheben können, sie können sich nur im Gleichgewicht halten und damit nach außen unwirksam sein. Potenziale dagegen sind quantitative Unterschiede.

Sie bestehen aus einem Überschuss auf der einen und einem Mangel auf der anderen Seite. Der Überschuss füllt den Mangel auf, und damit verschwindet das Potenzial. Potenziale lösen sich durch Ausgleich auf, Kräfte nur durch fließen von Energie oder Partikeln. 180° Nullvektoren blockieren den Fluss. Das Impulserhaltungsgesetz kann die Blockade umgehen, indem es eine Kraft 90° zum Nullvektor aufbaut, um das Aufrechterhalten des Impulses zu erzwingen. Umgekehrt kann das Energie-erhaltungsgesetz bei einem 90° Nullvektor einen zusätzlichen 180° Nullvektor aufbauen, um den Energieerhalt zu erzwingen.

Nach derzeitigem Kenntnisstand können wir folgende Hierarchie annehmen:

Energie
fließende Energie (Impuls)
gestoppte Energie (Kraft)

Energie
fließende Energie
komplexe Energien (Definition folgt später)

Potenziale |
| Kräfte mit Fernwirkung
Felder |

ruhende Masse |
bewegte Masse | Unterscheiden sich nur durch ihre
rotierende Masse | Bewegungsart

2. Äquivalente Erscheinungen

Da sich der subatomare Bereich unserer direkten Beobachtung entzieht, sind wir auf das Beobachten und Auswerten von Wirkungen angewiesen. Gemäß der o.a. Regel, dass die Naturgesetze auf allen Ebenen gleich sind, können wir auf Bereiche zurückgreifen, die in unserem Wahrnehmungsbereich liegen. Die Theorie über die Komplexe Koexistenz basiert zum größten Teil auf dem Vergleich äquivalenter Erscheinungen. Die wichtigsten Bereiche sind: Bewegte Massen, Zentrifugalkraft, Schwingungen und Wellen (mechanisch / elektrisch / optisch), Kernphysik, Magnetismus und Elektrotechnik.

Zur mathematischen Ableitung sind überwiegend die Bereiche Komplexe Rechnung, Koordinatensysteme und Vektorenrechnung relevant.

2.1Elektrische Ladungen (mit und ohne Leiter)

Da es sich bei der EMW (Elektromagnetische Welle) um kombinierte elektrische und magnetische Erscheinungen handelt, ist es naheliegend nach äquivalenten Erscheinungen in diesem Bereich zu suchen. Zudem ist bekannt, dass Elektrizität und Magnetismus eine komplexe Beziehung haben (Elektrizität und Magnetismus stehen immer in einem 90° Verhältnis zueinander). Wir müssen jedoch für unsere Überlegungen annehmen, dass es keinen Unterschied in den Gesetzmäßigkeiten, zwischen elektrischen Ladungen, innerhalb und außerhalb eines elektrischen Leiters gibt. Wir behaupten einfach, dass es keinen Unterschied zwischen einem Lichtquant und einem Elektron gibt, soweit es sich um die elektrischen und magnetischen Phänomene handelt.

2.2 Der elektrische Schwingkreis

Ein elektrischer Schwingkreis entsteht, wenn man eine Induktivität (Spule) mit einer Kapazität (elektrischer Kondensator) zusammenschaltet. Im Verlaufe dieses Buches betrachten wir nur die Parallelschaltung von Spule und Kondensator, wobei wir jeden Leiter und jede Strecke einer fließenden elektrischen Ladung als eine Einwindungsspule betrachten.

Die allgemein gültige Theorie des Schwingkreises besagt, dass die elektrische Ladung zwischen den beiden Polen des Kondensators hin und her schwingt. Dabei wandert die Energie vom Kondensator zur Spule und danach zurück zum Kondensator und lädt diesen in umgekehrter Richtung wieder auf. Für unsere Zwecke ist folgender Faktor bedeutend: Die Energie befindet sich (vollständig) im elektrischen oder (vollständig) im magnetischen Feld. Zwischen Strom und Spannung entsteht eine Phasenverschiebung um 90°. Die Spannung ist dem Magnetfeld (Kraft oder Qualität) und der Strom der elektrischen Ladung (Potenzial oder Quantität) zugeordnet.

Auf mathematisch komplex übertragen bedeutet dies, die Energie befindet sich entweder auf der Realachse oder der Imaginär -Achse. (Wir lassen hier offen, was real und was imaginär ist. Für die nachfolgende Formel wurde die elektrische Energie als real und die magnetische als imaginär angenommen). Wir haben somit folgende mathematische Bedingungen.

$$E = \vec{E}_e + j\vec{E}_m \qquad E = 1 = \text{konstant}\ (1=100\%)$$

$$E_e + jE_m = 1$$

$$E = r(\cos\varphi + j\sin\varphi)$$

$$E = 1(\cos\varphi + j\sin\varphi)$$

Im Verlaufe des Buches werden wir dieser Formel laufend begegnen und wir gehen noch näher darauf ein. Wir werden E (steht für Energie) immer gleich 1 (100%) setzen, da wir uns nicht für die Werte interessieren. Der Ausdruck E = 1 = konstant ist der mathematische Beweis, dass das Energieerhaltungsgesetz erfüllt ist.

Im Falle eines elektrischen Schwingkreises wird das Magnetfeld (90° Vektor) vom Energieerhaltungsgesetz erzwungen. Das Potenzial gleicht sich aus (der Kondensator entlädt sich), und damit würde die Energie verschwinden; um das zu verhindern wird eine Kraft aufgebaut. Somit sehen wir, dass das Magnetfeld eine rein qualitative Erscheinung ist. Das elektrische Feld des Kondensators ist ebenfalls eine Kraft (Qualität), aber diese hängt vollständig von der elektrischen Ladung ab.

2.2.1 Der Blitz

Auch den Blitz können wir als elektrischen Schwingkreis betrachten. Wir haben einen Kondensator der aufgeladen ist. Die Pole sind Erde/Wolke oder Wolke/ Wolke. Im Moment des Blitzes (der Entladung) haben wir eine elektrische Ladung, die von einem Kondensator -Pol zum Gegenpol fließt. Damit haben wir einen elektrischen Schwingkreis. Nach der Entladung existiert dieser Schwingkreis jedoch nicht mehr. Aber wir können dies als Beweis anführen, um zu demonstrieren, dass fließende Ladung Leiterunabhängig ist. Bereits Anfang des letzten Jahrhunderts hat Tesla entdeckt, dass Blitze EMWen mit geringer Frequenz erzeugen. Die Theorie der Entstehung der EMW aus einem elektrischen Schwingkreis ist hier uneingeschränkt anwendbar. Wäre der Blitz kein elektrischer Schwingkreis, würde keine EMW dieser Art entstehen. Die während des Blitzes entstehenden Leuchterscheinungen sind EMWen, die durch die Gasentladung der erhitzten Luft entstehen. Diese sind aber hochfrequent.

Der Grund, weshalb sich die Schwingung nicht fortsetzen kann, liegt in der Art des Leiters begründet. Die Entladung erfolgt über eine Ionisationsbrücke (Gasentladung). Das zusammenbrechende Magnetfeld entwickelt eine Gegenspannung, welche die Ionisationsbrücke entlädt (Energie fließt ab). Wir haben somit zwei quantitative Elemente, die Qualität verschwindet deshalb mit dem Potenzial. Wir haben keinen stabilen Nullvektor, d.h. wir haben es mit einem labilen bzw. quasistabilen Zustand zu tun.

2.3 Schwingungen

Schwingungen, alle Schwingungen und Wellen, sind komplexe Erscheinungen. Nehmen wir als Beispiel eine Wasserwelle. Das Wasser setzt der Ausbreitung einen Widerstand entgegen. Wir erhalten einen Vektor in Richtung der Ausbreitung E_a und einen Gegenvektor E_r. Die Energie des Ausbreitungsvektors wird somit reduziert. Dies ist aber ein Verstoß gegen das Energieerhaltungsgesetz. Daher entsteht ein Ausgleichsvektor (Bild 3). Die Energie wird in Form eines Potenzials gespeichert, welches durch sein Ausgleichsbestreben, zusammen mit dem Bewegungsimpuls, die Wellenbewegung verursacht.

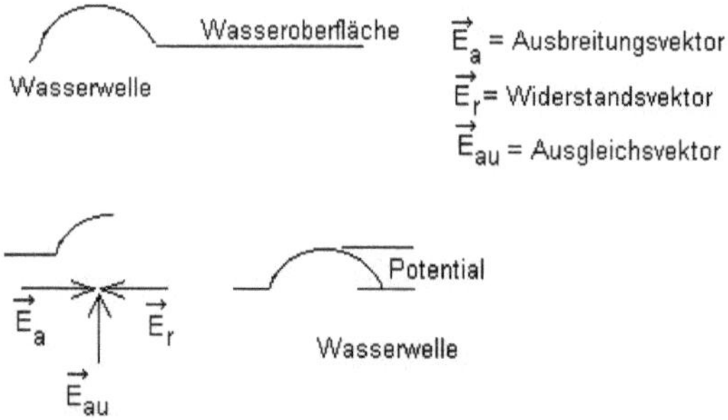

Bild 3

Die Bedingung $E = (\cos \varphi + j \sin\varphi)$ ist erfüllt.

2.3.1 Überlagerungen von Schwingungen und Wellen

Wenn Wellen oder Schwingungen zusammentreffen, dann entstehen Überlagerungen, die zu anderen Manifestationen führen. Gemäß unseren Vorgaben bleiben die ursprünglichen Gesetze aber erhalten. Dies bedeutet, dass Schwingungen, die das Resultat von Überlagerungen sind, in ihre Grundschwingungen zerlegt werden können. Auch lassen sich die ursprünglichen Gesetzmäßigkeiten immer nachweisen.

Es ist bekannt, dass zwei gleichwertige Schwingungen (gleiche Frequenz und gleiche Amplituden), die sich um 90° verschoben überlagern, einen Kreis ergeben. Umgekehrt können wir eine Kreisbewegung in ihre komplexen Bestandteile zerlegen. Wir erhalten dann zwei um 90° zueinander verschobene Schwingungen. Als Beispiel nehmen wir eine künstliche Unwucht. Eine um einen außerhalb des Schwerpunktes liegenden Drehpunkt rotierende Masse erzeugt eine umlaufende Kraft (Bild 4). Zerlegen wir den Umlauf und tragen die einzelnen Vektoren in ein Koordinatensystem ein, so liegen die Endpunkte der Vektoren alle auf einem Kreis (Bild 4).

Achtung! Eine umlaufende Kraft ist eine Abfolge von Kraftvektoren, die sich nur in ihrer Wirkrichtung unterscheiden. Es ist im Grunde nur ein Vektor, der permanent seine Richtung ändert, daher ist eine vektorielle Addition der "Vektoren" nicht möglich.

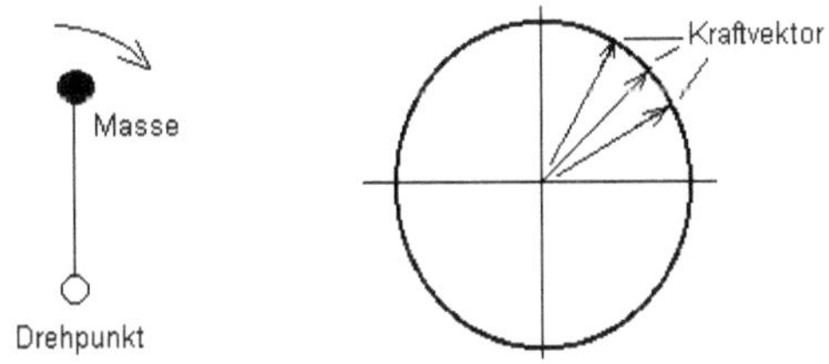

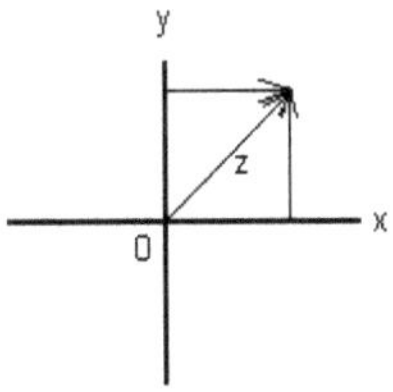

$$z^2 = x^2 + y^2$$

$$z = \sqrt{(x \cdot \sin\alpha)^2 + (y \cdot \cos\alpha)^2}$$

$z = 1 =$ konstant, $x = y = 1$

$$z = \sqrt{(\sin\alpha)^2 + (\cos\alpha)^2}$$

Bild 4

Die vektorielle Zerlegung in die x-y -Koordinaten ergibt zwei hin und her Bewegungen (Schwingungen). Der Versuch aus Bild 5 verdeutlicht dies. Die Formel in Bild 4 entspricht dem Versuch in Bild 5. Da der Umlauf gleichförmig ist, ist z=1. Die Resultierende aus x und y ist zu jedem Zeitpunkt des Umlaufes 1. Realer und imaginärer Kraftanteil ergänzen sich immer zu 1 (a + jb =1).

Versuch: Zerlegen einer umlaufenden Kraft in ihre Grundschwingungen.

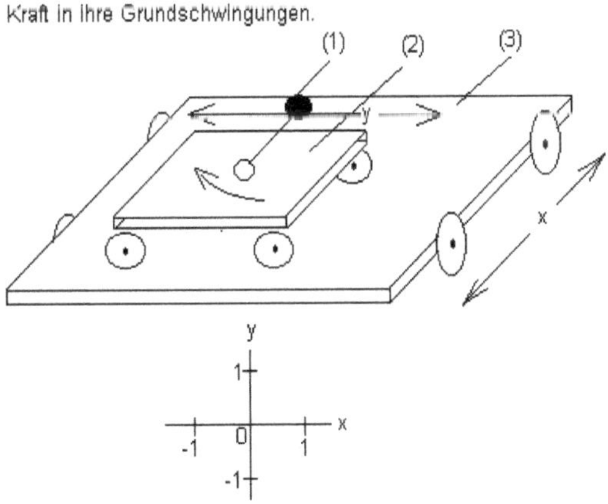

Bild 5

Der Versuch zeigt eine rotierende Masse (1), welche sich auf einem Wagen (2) befindet. Dieser Wagen bewegt sich in der Y-Richtung hin und her. Durch die Anordnung der Räder ist nur diese Bewegungsrichtung möglich. Die quer zur Bewegungsrichtung (y-Achse) wirkenden Kräfte werden auf den unteren Wagen (3) übertragen und dieser führt Bewegungen in der x-Richtung aus.

Die linearen Bewegungen auf den x und y - Achsen addieren sich zur kreisförmigen Ebene. Lassen wir nun einen Kreis rotieren (in z-Richtung; 90° zur Richtung der Ebene), so erhalten wir eine Kugel. (Die Spitzen der Kraftvektoren verlaufen dann auf der Oberfläche einer Kugel). Wir erhalten die mathematische Bedingung: $r^2 = x^2+y^2+z^2$, r=1=konstant. Kreisbahnen und Kugeln sind im Makro- und Mikrokosmos vorherrschend. Hier haben Sie die Erklärung für dieses Phänomen.

3 Das Wesen der EMW

Wir können die EMW, nach dem gegenwärtigen Wissensstand, als die kleinste eigenständige Energieeinheit betrachten. Aufgrund der Äquivalenz von Energie und Masse ($E=mc^2$) können wir uns die Masseteilchen als aus EMWen zusammengesetzt vorstellen. Das heißt: Elektron, Proton, Neutron usw..., sowie auch Antimaterieteilchen - alles ist aus dem gleichen Material - aus EMWen. Bevor wir uns aber Gedanken darüber machen können, wie die EMWen sich zu größeren Einheiten zusammenschließen, müssen wir uns erst die Frage beantworten: Was sind EMWen, woraus bestehen sie, wie verhalten sie sich und wieso?

Wir wissen, dass es sich um eine sich wellenförmig ausbreitende Energie handelt, die sich als kombinierte elektrische/magnetische Welle fortpflanzt. Desweiteren wissen wir, dass sie zwar eine Gravitation besitzt, aber nur als Welle (massefreie Energie) oder Masse (Energie als Masse) in Erscheinung tritt. Da sich Wellen von schweren Massen ablenken lassen, müssen wir eine potentielle Gravitation annehmen. (Siehe Teil 2)

Die EMW ist nach ihrem Verhalten und ihren Eigenschaften eine Transversalwelle. Lange Zeit war man der Überzeugung, dass Wellen sich nur in einem Medium fortpflanzen können. Deshalb erfand man den Äther und suchte lange Zeit nach einem Beweis für seine Existenz.

Die eingangs erwähnte Gleichsetzung von bewegter drahtloser (medienloser) und mediengebundener elektrischer Ladung erlaubt es uns die Behauptung aufzustellen, dass eine EMW ein elektrischer Schwingkreis ist. Die Untrennbarkeit der elektrischen und magnetischen Komponenten der EMW und die Theorie der Entstehung einer EMW aus einem elektrischen Schwingkreis machen diese Vorstellung zwingend. Darüber hinaus stellen die Induktionsgesetze (ohne die es keinen elektrischen Schwingkreis geben würde) die einzige bekannte "medienfreie" Energieübertragung dar. Man kann die induktive Übertragung als medienfrei bezeichnen, da zu Beginn der Übertragung kein Medium verfügbar ist. Die Übertragung erfolgt über das magnetische Feld. Dieses wird aber erst durch die fließende elektrische Ladung selbst erzeugt. Die Ladung erzeugt selbst das Medium, welches dann die Ladung überträgt. Wenn wir diese Prinzipien (Schwingkreis und Induktion) auf die EMW übertragen und die Besonderheiten der komplexen Wechselbeziehungen, in Verbindung mit dem Energieerhaltungs- und Impulserhaltungsgesetz berücksichtigen, erhalten wir ein völlig neues Bild der EMW und viele Erklärungen bisher ungeklärter Phänomene im subatomaren Bereich.

3.1 Entstehung der EMW

Die Schulphysik lehrt uns, dass Elektronen, wenn sie angeregt werden EMWen aussenden. Lassen Sie mich das präzisieren. Ein Lichtquant wird abgestoßen, mit einem Impuls in der Ausbreitungsrichtung. Wenn sich eine elektrische Ladung bewegt, baut sie ein Magnetfeld auf. Fließt aber eine Ladung in einem Magnetfeld, so wird sie zur Seite abgelenkt (es gibt einen Impuls 90° zur Bewegungsrichtung) (Bild6 a + b), es entsteht ein elektrischer Minuspol. Wenn die Energie zum Aufbau des Magnetfeldes aufgebraucht ist, beginnt die Ladung (Potential) vom Minuspol abzufließen, es wird ein Magnetfeld in Gegenrichtung aufgebaut usw... Es entsteht ein elektrischer Schwingkreis (Bild 6 c). Die Energie fließt zwischen Kapazität (Ladung/Vakuum) und Magnetfeld hin und her. Durch die komplexe Verknüpfung kann die Energie nur so fließen, daher kann der Anfangsimpuls (Ausbreitung) voll erhalten bleiben.

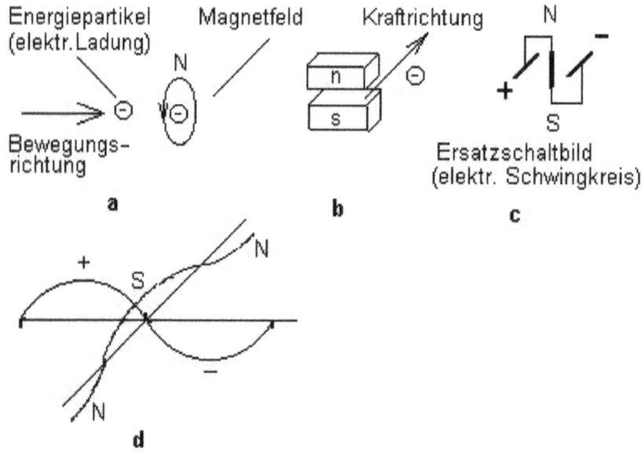

Bild 6

Da die beiden Schwingungen im rechten Winkel zueinander stehen, entsteht ein Kreis (Siehe 2.3.1). Die Ladung fließt im Kreis. (Genaugenommen wird sie ständig umgewandelt, vom Potenzial [Quantität] in Kraft [Qualität] und zurück.) Da sich der Kreis axial vorwärts bewegt, erhalten wir das gewohnte Wellenbild. Die Welle selbst ist aber nur die Bahn der Ladung. Die Ladung befindet sich irgendwo auf dem Kreis, aber nicht auf den gesamten Kreisumfang verteilt. Wird nun eine EMW absorbiert, so geht die gesamte Energie an das absorbierende Teilchen über.

3.2 Bisher ungeklärte Phänomene der EMW

Bisher gibt es keine vernünftige Erklärung dafür, dass die EMW sich ohne Medium fortpflanzt. Im Vakuum kann sie sich praktisch unendlich ausbreiten, erfährt also keine Dämpfung. Ungeachtet ihrer Ausbreitung scheint die Energie punktförmig an ein absorbierendes Medium überzugehen. Nach der Absorption hat das Lichtquant Masseeigenschaften, als Welle nicht.

Die Vorstellung vom Entstehen und vom Wesen der EMW, aus Kapitel 3 und 3.1, erklärt uns wieso sich die Welle ohne Medium und dämpfungsfrei vorwärts bewegt und wieso die Energie quasi punktförmig an ein absorbierendes Teilchen übergeht. Daher kann das Lichtquant nicht gleichzeitig Welle und Masseteilchen sein. Es gibt noch einen weiteren Grund, der wird später erklärt. Das Thema EMW wird in dem Buch „Die Geheimnisse der elektromagnetischen Welle“ ausführlicher abgehandelt.

4 Verknüpfungen von EMWen

Da elektromagnetische Wellen Schwingungen sind, treffen die in Kapitel 2.3.1. aufgezeigten Gesetzmäßigkeiten auch uneingeschränkt auf diese zu. Angesichts der Tatsache, dass elektromagnetische Wellen nur als komplexe Verbindung auftreten, ergeben sich einige Besonderheiten, die zu beachten sind.

4.1 Interferenzen

Die Optik lehrt, dass sich zwei Lichtwellen (EMWen) gegenseitig auslöschen, wenn sie um 180° zueinander verschoben sind. Dies ist so nicht korrekt, da es ein glatter Verstoß gegen das Energieerhaltungsgesetz wäre. Nur Potenziale neutralisieren sich. (Der Überschuss des Pluspols behebt den Mangel des Minuspols.) Feldlinien neutralisieren sich nicht, sie sind Kräfte; sie verstärken sich. Somit erhalten wir folgendes Bild:

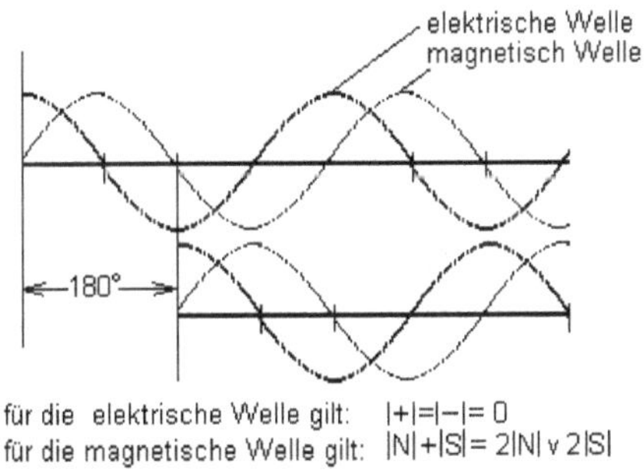

Bild 7

Da keine magnetischen Felder bekannt sind, die ohne elektrische Ladung existieren können, ist dieser Zustand instabil. Es fehlt ebenfalls der 90°-Vektor. Da aber die Energie erhalten bleiben ***muss,*** bricht das magnetische Feld zusammen und erzeugt, nach den Gesetzen der Induktion einen elektrischen Strom in Gegenrichtung. Es müsste also eine neue EMW entstehen. Da aber die Energie jetzt doppelt so hoch ist, erhalten wir eine Welle mit einer höheren Frequenz. Die neue Welle liegt oberhalb des sichtbaren Lichtes und fällt damit aus dem optischen Bereich heraus. Wir schauen uns das später noch genauer an.

Nochmals zur Verdeutlichung des komplexen Prinzips: Kraft ist eine sekundäre Erscheinung, sie kann daher nicht für sich allein existieren. Durch das Verschwinden des zu Grunde liegenden Potenzials verschwindet auch die Kraft. Im vorliegenden Falle würde aber der Wegfall von Potenzial und Kraft auch die Energie verschwinden lassen, dass lässt aber das Energieerhaltungsgesetz nicht zu. Außerdem sind die Ladungspartikel immer noch vorhanden, auch wenn sie kein Potenzial mehr bilden. Gemäß der Theorie des Schwingkreises baut sich das elektrische Potenzial wieder auf, nachdem die Energie vollständig im Magnetfeld steckt. Der Zyklus wird durch das Zusammenfallen der beiden Wellen nicht einmal unterbrochen. Die neue Welle pflanzt sich fort.

5 Unterschiedliche Polaritäten

Wir sprechen bei Potenzialen und Ladungen von Polen und meinen damit im Grunde quantitative Zustände. Relativer Überschuss (+ Pol) auf der einen Seite und relativer Mangel (- Pol) auf der anderen Seite. Wir unterscheiden zwei Elementarladungen + für die Kernladung und - die Ladung des Elektrons (Atomhülle). Die Zuweisung ist willkürlich, wir haben im Kern nicht mehr Ladung als in der Hülle. Dennoch verhalten sich die Pole von Ladung wie die von Potenzialen. Aber es gibt offensichtlich doch Unterschiede.

Bei einem elektrischen Schwingkreis fließt elektrische Ladung. Die Ladungsträger sind in der Tat Elektronen. Bei einer elektrischen Welle fließen keine Elektronen, aber elektrische Ladung. (Wir bleiben konsequent bei unserer Gleichsetzung). Hier werden die Bezeichnungen Plus und Minus von der Bewegungsrichtung bestimmt, genau wie beim Magnetismus die Zuweisung Nord- oder Südpol von der Flussrichtung der Feldlinien bestimmt wird.

Potenziale entladen sich immer vom Überschuss (+) zum Mangel (-). Wenn wir ein Potenzial aufbauen so fließen die Partikel von Minus nach Plus. Zum Aufbauen wird Energie zugeführt (aufgenommen), beim Entladen wird Energie entnommen (abgegeben). Um aus dem Zuweisungsdilemma herauszukommen, definieren wir die Pole wie folgt: "Ein Pluspol ist das Ergebnis von zugefügter Energie und ein Minuspol ist das Ergebnis von entzogener Energie". (In der Elektrotechnik ist es umgekehrt - der Elektronenüberschuss bildet den Minuspol). Das Ausgleichbestreben des Potenzials bildet eine gerichtete Kraft vom Pluspol zum Minuspol aus (elektr. umgekehrt).

Magnetpole unterscheiden sich von Potenzialpolen, dadurch, dass sie keine Überschuss/Mangel -Manifestationen sind. Die Polarisierung wird durch die Richtung der Feldlinien bestimmt.

Beim Kondensator werden die Pole ebenfalls durch Ladungsträgerüberschuss oder -mangel bestimmt. Wegen der Äquivalenz von Schwingkreis und EMW haben wir angenommen, dass es bei der EMW einen "virtuellen" Kondensator gibt. Mit diesem Kunstgriff konnten wir uns die EMW erklären. Wegen der Äquivalenz von magnetischen und elektrischen. Feldlinien, müssen wir aber annehmen, dass die elektrische Polarisierung ebenfalls eine Manifestation von Feldlinien ist, und nur von der Feldlinienrichtung abhängen. Die in Kap.3 erwähnten Energiepartikel wären dann elektrische Feldlinien.

Feldlinien haben das Bestreben sich zu schließen. Jede elektrische Feldlinie umgibt sich mit einer geschlossenen magnetischen Feldlinie und umgekehrt. Durch den periodischen Wechsel zwischen elektrischer und magnetischer Welle sind aber nicht beide gleichzeitig geschlossen. Bei EMWen niederer Frequenz können beide Feldlinien (elektrisch und magnetisch) geschlossen sein. Der Übergang von elektrisch nach magnetisch, und umgekehrt, ist aber nur möglich, wenn die Feldlinien „offen“ sind. Offen sind sie nur bei null (Übergang). Die EMW existiert nicht lange, nur eine Schwingungsperiode. Der Zusammenbruch der Welle baut dann sofort eine neue Welle auf. Auf diese Weise kann die Ausbreitung strahlenförmig erfolgen (Lichtstrahlen, Gammastrahlen usw...). Die Ausbreitungsgeschwindigkeit einer EMW ist konstant

(Lichtgeschwindigkeit), ungeachtet einer eventuellen Eigenbewegung des aussendenden Objektes. Die Relativitätstheorie lehrt uns das. Hier haben wir die Erklärung dafür. Das Lichtquant wird mit einem Impuls ausgestoßen und hat keinerlei Verbindung mehr mit dem Objekt. Die Ausbreitung wird von einem objektunabhängigen Impuls aufrechterhalten, der durch die komplexe Vektorkonstellation aufrechterhalten wird.

Entstehung und Ausbreitung einer Einzelschwingung bei der Transversalwelle, können an einer Seilwelle demonstriert werden. Wir nehmen ein Seil und befestigen es an einer Seite. Wir nehmen nun das lose Ende und bewegen es mit einem kurzen Ruck nach oben und gehen dann ruckartig in die Ausgangsstellung zurück. Wir erhalten einen einmaligen Ausschlag - eine Schwingung, die sich nun bis zum Ende des Seils fortpflanzt (Ausbreitungsrichtung).

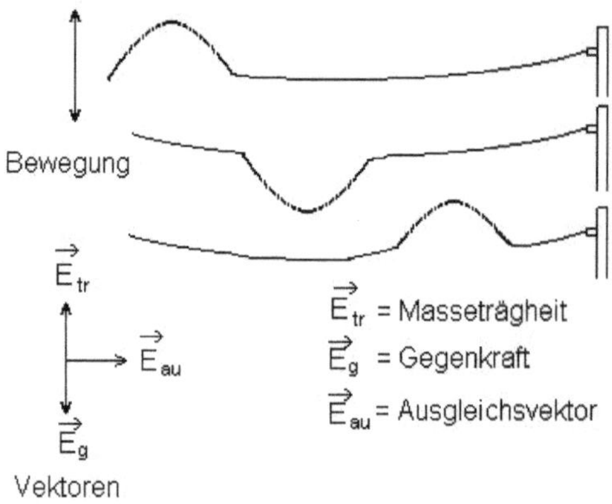

Bild 8

Durch die Bewegung nach oben entsteht ein Kraftvektor nach oben. Die anschließende rasche Abwärtsbewegung verursacht einen Kraftvektor nach unten. Beim Einleiten der Abwärtsbewegung versucht die Masseträgheit den Impuls aufrecht zu erhalten. Die Abwärts gerichtete Bewegung steht für einen Moment als Gegenimpuls E_g 180° zum Trägheitsvektor E_{tr}. Es kann keine Energie fließen, außer 90° zum Nullvektor. So entsteht der Impuls in der Ausbreitungsrichtung.

5.1 Elementarladungen

Wir denken an geladene Partikel, wenn wir von Elementarladungen sprechen. Es wird nun Zeit von dieser Vorstellung Abschied zu nehmen. Elektrische Wellen haben eine positive und eine negative Halbwelle. Die Tatsache, dass angeregte Elektronen Lichtquanten aussenden, die sich dann als EMW ausbreiten, lassen natürlich den Schluss zu, dass ein von einem Elektron (negativer Pol) negative Ladungsträger ausgesandt werden. Aber wie kommt die positive Halbwelle zustande, wenn es nur negative Elemente gibt? Dies ist der 1. große Widerspruch. Der zweite Widerspruch ergibt sich aus dem Masseunterschied von Proton und Elektron. Wenn beide aus geladenen Teilchen bestehen würden, dann währen beide Teilchen gleichschwer. (Diese Annahme ist zwingend, da bei Antimaterie die Masseverhältnisse gleich sind - nur die Ladungen sind umgekehrt.) Wenn es sich um geladene Partikel handeln würde, dann müssten diese bipolarer Natur sein. Dafür gibt es aber keinerlei greifbare Anhaltspunkte. Es würde auch nur den 1. Widerspruch leidlich begründen.

Es bleibt nur der eine Schluss übrig. Die Polarisierung der Elementarteilchen ist eine Manifestation von Feldlinien. Also eine Kraftwirkung, die nur auf Energie (Bewegung) beruht (siehe auch Kapitel 1.1). Die Gesetze von der Abstoßung und Anziehung stromdurchflossener Leiter sind hier wirksam. Die Erklärung dazu erfolgt im Kap. über subatomare Teilchen.

Im subatomaren Bereich haben wir es also nur mit Energien (Bewegungen), Energierichtungen (Bewegungsrichtungen), Feldlinien (elektrisch und magnetisch), und komplexen Kräften und deren Interaktionen zu tun.

6 Zusammenfassung des 1. Teils

Komplexe Beziehungen durchziehen die gesamte Physik. Eigentlich verwunderlich, dass sie bisher so wenig Beachtung gefunden haben. Die größte Bedeutung haben dabei die Nullvektoren. Wir haben 90° Nullvektoren und 180° Nullvektoren. Die 180° Vektoren haben Sperr- und Haltefunktionen (Gleichgewicht). Die 90°-Vektoren halten

Bewegungen aufrecht, ohne Energiezufuhr oder -abgabe. 90° Vektoren können als Reaktion auf 180° Vektoren entstehen, wenn das Energie- oder Impulserhaltungsgesetz dies erfordert.

Wir unterscheiden zwischen quantitativen und qualitativen Kräften. Potenziale und Energien bilden Kräfte aus, wenn sie nicht fließen können. Potenziale (quantitative Kräfte) bleiben erhalten, direkt von Energie gebildete Kräfte (qualitative Kräfte) verschwinden mit der Energie. EMWen sind komplexe Erscheinungen, die aus zwei qualitativen Kräften gebildet werden. Da keine Energiespeicherung (Potenzialbildung) möglich ist, können sich EMWen nicht gegenseitig auslöschen. Offene Feldlinien heben sich scheinbar auf. Es entsteht ein 180° Vektor. Zur Aufrechterhaltung der Energie muss ein 90° Vektor entstehen.

Wir haben bei unseren theoretischen Überlegungen die verschiedenen Energiemanifestationen gleich gesetzt. Bei konkreten Berechnungen müssen die verschiedenen Manifestationen in eine gemeinsame umgewandelt werden. Um der besseren Verständlichkeit des Buches Willen wurde hier auf aufwendige Transformationen verzichtet. Die Mathematik wurde auf das absolut Notwendige beschränkt.

Teil 2

7 Der Subatomare Baukasten

Wie bereits erwähnt, gehen wir davon aus, dass sich Materie aus Energiepartikeln zusammensetzt. Wegen der Äquivalenz von Masse und Energie gibt es theoretisch nur drei Möglichkeiten:

a.) Materie entsteht aus Energie
b.) Energie besteht aus Materie und
c.) es gibt Teilchen aus denen sowohl Energie als auch Materie entsteht.

Angesichts der Tatsache, dass es offensichtlich kein subatomares Teilchen gibt, das keine Bewegung beinhaltet, entscheiden wir uns für a.).

Für a.) spricht die Tatsache, dass bei der Kernzertrümmerung eine Vielzahl von Teilchen entsteht, die aber ausnahmslos instabil sind und nach kurzer Zeit zerfallen. In was zerfallen sie? in EMWen. Daraus kann man nur einen logischen Schluss ziehen: Atomkerne und ihre Trümmer bestehen aus einer gewissen Menge an EMWen. Es ist offenbar so, dass eine bestimmte Menge von EMWen und/oder eine bestimmte Anordnung von EMWen erforderlich sind, damit ein subatomares Teilchen stabil ist.

Wir kennen nur zwei stabile Teilchenarten, das Kernteilchen Proton und das Hüllenteilchen Elektron. Da das Neutron nur im Kernverband stabil erscheint und nach einer Herauslösung nach relativ kurzer Zeit zerfällt, kann man es nicht zu den stabilen Teilchen rechnen. Wir greifen das Thema später nochmals auf.

Da keine Äquivalenz zwischen Teilchenmasse und Höhe der elektrischen Ladung erkennbar ist, können wir nur sagen, dass ein Proton nach außen positive und ein Elektron nach außen negative elektrische Ladung zeigt. Da aus normaler Materie auch Antimaterie entsteht, mit gleichen Masseverhältnissen und gleicher Struktur, können wir nicht zweifelsfrei sagen, dass ein Proton aus positiven und ein Elektron aus negativ geladenen Teilchen bestehen.

Im 1. Teil des Buches erwähnte ich bereits die Tatsache, dass eine EMW eine positive und eine negative Halbwelle besitzt, und dass die Zuordnung + und - ausschließlich durch die Richtung der Bewegung der elektrischen Ladung erfolgt. Wenn sich nun EMWen zu subatomaren Teilchen zusammenballen, dann bleibt ihre Natur erhalten. Je nach zusammentreffen überwiegt dann nach außen positiv oder negativ. (Wir lassen das einfach mal als unbewiesener Denkansatz so stehen).

Die alles entscheidende Frage ist natürlich: „Wie kommen die EMW dazu sich zusammenzuballen und Materieteilchen zu bilden?" Die Idee von Kondensationspunkten, die die EMWen anziehen und festhalten kam auf. Man versucht nun diese als eigenständige Teilchen zu lokalisieren.

Wie wäre es mit folgender Theorie?

"Die EMWen bilden selbst diese Kondensationspunkte".

Aufgrund der komplexen Natur der EMWen verhaken sie sich miteinander und gehen von einer Translationsbewegung in eine rotierende Bewegung über. Das sind die Kondensationspunkte.

7.1 Die Entstehung der Kondensationspunkte

Im Kapitel 4.1 habe ich behauptet, dass sich EMWen nicht auflösen können, wegen ihrer magnetischen Feldlinien. Ich sagte es müsste eine neue EMW entstehen. Das ist wohl auch der Fall, aber ich habe nicht gesagt, dass diese sich nun ausbreitet. Wir haben bei unseren Überlegungen zur Interferenz nur die Energie von elektrischer und magnetischer Welle betrachtet und den Bewegungsimpuls in Ausbreitungsrichtung unberücksichtigt gelassen. Das Impulserhaltungsgesetz verlangt aber, dass der Impuls ebenfalls erhalten bleibt. Wir können die Impulse einfach als Energievektoren addieren.
Das Zusammentreffen von EMWen kann aber in verschiedener Weise erfolgen. Die

Wellen können aus der gleichen Richtung kommen, oder aus entgegengesetzter Richtung, oder seitlich oder räumlich versetzt. Kommen beide aus der gleichen Richtung, so addieren sich die Impulse. Da die Ausbreitungsgeschwindigkeit aber auf die Lichtgeschwindigkeit begrenzt ist (gemäß der Relativitätstheorie), wird die zusätzliche Energie in die Frequenz fließen und diese erhöhen. Wenn aber die Wellen aus entgegengesetzten Richtungen zusammentreffen, dann entsteht ein 180° Nullvektor. Die Impulse würden sich aufheben, wenn das Erhaltungsgesetz dies nicht verhindern würde. Es entsteht ein 90° Vektor, der eine Rotation einleitet.

Die EMWen verhaken sich aufgrund der Anziehungskräfte der Feldlinien. Bei dieser Kräftekonstellation ist ein Fließen der Energie auf die elektromagnetische Ebene nicht möglich. Wir können die Situation mit zwei bewegten Massen, die sich treffen vergleichen.

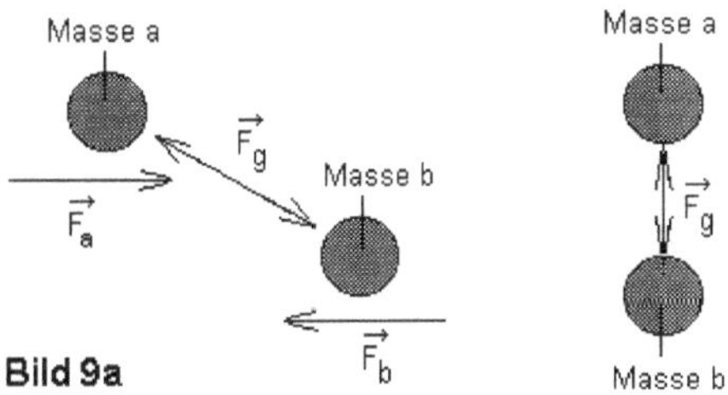

Bild 9a

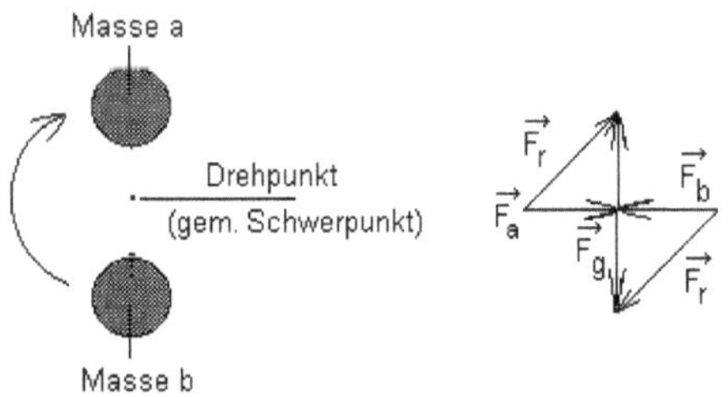

Bild 9b

Bild 9 zeigt ein solches Zusammentreffen und die vektorielle Verknüpfung. Die Gravitationskraft wirkt in beide Richtungen mit gleicher Stärke, sie ist deshalb mit zwei gleichgroßen entgegengesetzt wirkenden Kräften gleichzusetzen. Sie stellt einen 180°

Nullvektor dar. Die von der Masse a ausgehende Anziehung wirkt in Richtung der Masse b und die von der Masse b ausgehende Kraftwirkung wirkt in Richtung Masse a, also entgegengesetzt. Auch wenn sich die Größe der Gravitationskraft aus beiden Massen ergibt, erhalten wir zwei Kraftrichtungen. Der Bewegungsimpuls der Masse a bildet mit dem entgegengesetzten Impuls der Masse b ebenfalls einen 180° Nullvektor. Die Summe der Energievektoren ist somit "0". Wir haben ein stabiles Gleichgewicht. Es kann keine Energie fließen, da sich die Vektorpaare gegenseitig daran hindern. Das Energieerhaltungsgesetz verlangt aber eine Energie (eine Bewegung). Da aber alle Koordinatenrichtungen mit Kräften blockiert sind, bleibt nur noch ein Ausweichen um 90°. Wir haben es also mit zwei komplexen Verhältnissen zu tun. Gravitation und Bewegungsimpuls bilden ein komplexes Verhältnis zueinander. Und gemeinsam haben sie eine komplexe Beziehung zur Rotationsrichtung.

In Kap.1 hatten wir den 90° Vektor als Ursache der Zentrifugalkraft bezeichnet. In Bild 9 haben wir die Fliehkraft vernachlässigt und die Gravitation als 180° Vektor bezeichnet. Um einer Verwirrung vorzubeugen, das ist das Gleiche. Wenn wir mit dem Kräftepaar Zentrifugal- und Zentripetalkraft arbeiten, erhalten wir zwei 90° Vektoren zur Bewegungsrichtung, die einem 180° Vektor in 90° zur Bewegungsrichtung entsprechen. Beide mathematischen Ansätze führen zum gleichen Ergebnis ($i^2 = -1$).

Da ein Kreis das Ergebnis aus zwei Schwingungen mit 90° Verschiebung ist, können wir nach dem Umkehrprinzip die Kreisbewegung in zwei Schwingungen im komplexen Verhältnis überführen. Wenn wir das nun auf die Verkettung von zwei EMWen übertragen, dann erhalten wir eine Rotation von zwei komplexen Welle (Kreisbewegung) und somit eine räumliche Struktur, eine rotierende Welle (Kugel). Die Energie fließt gemäß der Natur der EMW immer noch zwischen magnetischen und elektrischen Polen, nur ihre Ausbreitung ist gestoppt und in eine Rotation umgewandelt. Wenn eine EMW von einem Elektron absorbiert wird, wird sie ihre Natur nicht aufgeben. Mit an Sicherheit grenzender Wahrscheinlichkeit verbleibt die EMW als integrierter Teil des Elektrons in einer kreisenden Bewegung. Da aber das Elektron nun eine Massezunahme erfährt, schließen wir daraus, dass die Masse (Masseeigenschaften) eine Manifestation von gestoppter Energie ist; analog zur Fliehkraft, die nur als Resultat der erzwungenen

Bahnkrümmung (die Geradeausbewegung wird gestoppt) ist. Wie wir gesehen haben, stehen Rotation und geradlinigen Bewegung in einem komplexen Verhältnis zueinander. Dies erklärt uns vollständig, wieso die EMW, solange sie Welle ist keine Masse besitzt und als Masse (in gestoppter Form) keine Energie. Wenn wir die Energie (geradlinige Bewegung) mathematisch der Realachse zuordnen und die Masse (rotierende Bewegung) der Imaginärachse, dann erhalten wir folgende mathematische Situation:

$E = \vec{E}_e + j\vec{E}_m$ $\quad$ $E = 1 =$ konstant $(1=100\%)$

$E_e + jE_m = 1$
$E = r(\cos\varphi + j\sin\varphi)$
$E = 1(\cos\varphi + j\sin\varphi)$

Wenn $\cos\varphi = 1$, dann ist $j\sin\varphi = 0$
$E = 1(1 + 0) = 1$

Wenn $j\sin\varphi = 1$, dann ist $\cos\varphi = 0$
$E = 1(0+1) = 1$

Diese mathematische Situation ergibt den Wert 1 (100%) Nur ein überwechseln von der Realachse zur Imaginärachse und umgekehrt, erklärt diese Phänomene. Wir müssen daher zwingend einen 90° Vektor annehmen. Solche Übergänge sind nur bei 0 und unendlich möglich. Ein sprunghafter Wechsel von Energie zur Materie und umgekehrt ist nicht möglich, da es das Verschwinden zu nichts und das (Wieder)auftauchen aus dem Nichts bedeuten würde. Dies aber wäre ein zweifacher Verstoß gegen das Energieerhaltungsgesetz.

Nochmals zur Verdeutlichung. Die geradlinge Bewegung wird in eine Rotation übergeführt. Die Übergänge sind nur scheinbar sprunghaft. Es gibt eine Fliehkraft oder es gibt keine. Wir können die geradlinige Bewegung der Realachse zuweisen und die Fliehkraft der Imaginärachse und wir sehen die komplexe Beziehung. Erfolgt eine Bahnkrümmung (keine vollständige Rotation), so haben wir eine Real- und einen Imaginäranteil. Haben wir eine vollständige Rotation (Kreisel), so haben wir nur einen Imaginärteil; haben wir eine geradeaus Bewegung, so haben wir nur einen Realanteil.

Dies können wir auch auf die EMW übertragen. Wird die EMW abgelenkt, so dass eine Bahnkrümmung entsteht, die nicht in einer Absorption resultiert, haben wir einen Real- und einen Imaginäranteil.

Wenn also Ströme von EMWen aufeinander treffen, entstehen rotierenden Wellen. Diese unterscheiden sich voneinander, je nachdem wie sie sich verknüpfen.

7.1.1 Verknüpfungen

Wenn zwei EMWen aufeinander stoßen, verhindert die Abstoßungskraft der elektrischen Welle, dass die beiden aufeinanderprallen, sie weichen einander aus. Nun verhindert aber die magnetische Anziehung der magnetischen Welle, dass sie sich voneinander entfernen. Es entsteht die vorgenannte Rotation.

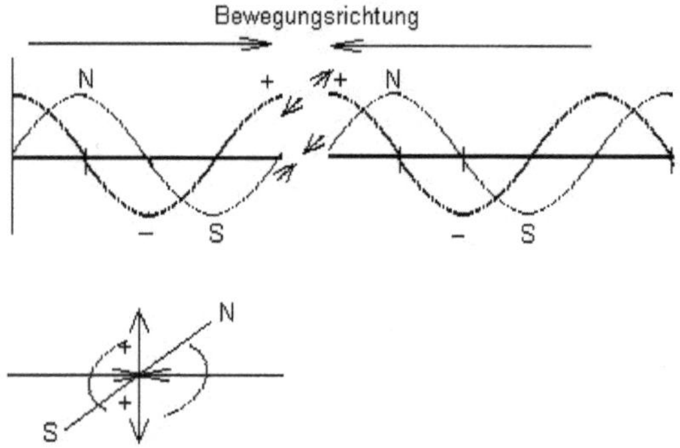

Bild 10

In Bild 10 wird das Zusammentreffen der Wellen mit den elektrischen Pluspolen (positive Halbwellen) gezeigt. Die elektrischen Wellen stoßen sich ab und die Pluspole liegen außen. Wir erhalten ein positives Teilchen. Treffen die beiden Wellen aber mit den negativen Halbwellen zusammen, so kommen die negativen Pole nach außen. Das Ergebnis ist ein negatives Teilchen. (Dies ist eine theoretische Annahme, die zur Zeit nicht durch experimentelle Ergebnisse oder direktem Vergleich mit anderen Bereichen der Physik gestützt werden kann. Aufgrund theoretischer Überlegungen ist es aber sehr wahrscheinlich, dass dies zutrifft. Auf die Überlegungen in den Nachfolgenden Kapiteln hat dies jedoch keinen Einfluss.)

Wenn diese Annahmen stimmen und diese Teilchen stabil sind - das müssen sie sein, wenn sie die Kondensationspunkte der Materie sein sollen, dann muss das Energieerhaltungsgesetz ebenfalls eingehalten werden. Wir überprüfen das. Elektrisch + und elektrisch + ergeben einen 180° Nullvektor (Abstoßung). 90° zu diesem steht ein 180° Nullvektor aus magn. N und S (Anziehung). Die entgegengerichteten Ausbreitungsimpulse, bilden einen 180° Vektor, der durch einen 90° Vektor in eine Rotation übergeführt wird. Die Energie kann somit erhalten bleiben, während alle Kräfte im Gleichgewicht sind und daher keine Energie fließen kann. Wir wollen das zur Sicherheit auch mathematisch überprüfen.

Wir nehmen unsere bereits bekannte Formel:

$$E = \vec{E}_e + j\vec{E}_m \qquad E = 1 = \text{konstant } (1=100\%)$$

$$E_e + jE_m = 1$$

$$E = r(\cos\varphi + j\sin\varphi)$$

$$E = 1(\cos\varphi + j\sin\varphi)$$

Da wir den Zeiger mit 1 = Konstant festgelegt haben, ist der Realanteil $1\cos\varphi$ und der Imaginäranteil $1j\sin\varphi$. Wir haben verschiedene Winkel, die aber alle gleich sind, da wir von gleichen EMWen mit gleichen Frequenzen ausgegangen sind. Zur Vereinfachung habe ich nur mit einem Winkel φ gerechnet. (Dies ist mathematisch zulässig, da beide Winkel den gleichen Wert haben, und ihre Veränderungen während des Umlaufs synchron sind.) Wir haben es mit zwei EMWen zu tun, daher ist die Energie die Summe aus den Energien beider Wellen und wir erhalten:

$$E = E_1 + E_2$$

$$E_1 = 1 \sqrt{(y\cos\varphi)^2 + (x\sin\varphi)^2}$$

da $x = y = 1$ erhalten wir:

$$E_1 = 1 \sqrt{(\cos\varphi)^2 + (\sin\varphi)^2}$$

da $E_1 = E_2$ erhalten wir:

$$E = 1\sqrt{(\cos\varphi)^2 + (\sin\varphi)^2} + \sqrt{(\cos\varphi)^2 + (\sin\varphi)^2}$$

$$E = \sqrt{1} + \sqrt{1}$$

$$E = 2$$

Auch die Impulse haben eine komplexe Verbindung, die wir berücksichtigen müssen.

Für die komplexe Verbindung der Impulse (Ausbreitung) machen wir eine separate Rechnung, dass hält die Mathematik einfach.

Der Ansatz ist der gleiche.

$$E = \vec{E}_e + j\vec{E}_m \qquad E = 1 = \text{konstant } (1 = 100\%)$$

$$E_e + jE_m = 1$$

$$E = r(\cos\varphi + j\sin\varphi)$$

$$E = 1(\cos\varphi + j\sin\varphi)$$

Der Realteil (y-Koordinate) ist die geradlinige Bewegung, der Imaginäranteil (x-Koordinate) die Rotation. Da der Winkel φ 90° beträgt wird der Realanteil zu 0 und der Imaginäranteil wird zu 1.

$$E = 2[1(\cos\varphi + \sin\varphi)] = 2[1(\cos 90° + \sin 90°)] = 2[1(0+1)] \quad E = 2$$

Da wir zwei Energieeinheiten haben, ist das Ergebnis 2. Wir haben somit zu jedem Zeitpunkt 100%, damit haben wir den mathematischen Beweis, dass wir eine stabile Konstellation haben.

Das bedeutet aber nicht, dass nur zwei EMWen sich zusammentun, es zeigt nur den Mechanismus und die mathematische. Präzision hinter dem Aufbau. Es gibt noch zahlreiche andere Möglichkeiten, wie die EMWen sich verbinden könnten. Ich habe diese Beispiele herangezogen, da sie stabile Teilchen bilden können. Auch EMWen unterschiedlicher Frequenzen können sich theoretisch miteinander verbinden. Um jedoch stabile Zustände zu erreichen brauchen wir Nullvektoren und 90° Beziehungen. Auch können sich Systeme mit quasistabilen Zuständen zu stabilen Systemen aufbauen. Zur Erinnerung nochmal das Bild aus Kap.1.

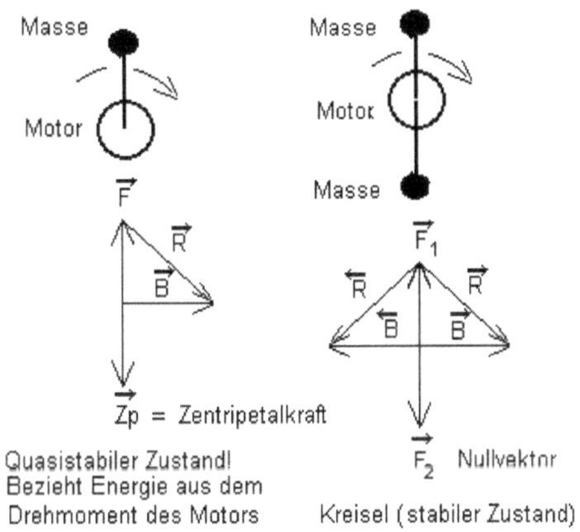

Links haben wir eine rotierende Masse, welche eine Fliehkraft erzeugt, und wir erhalten ein quasistabiles System. Rechts haben wir gewissermaßen zwei Systeme dieser Art. Die beiden 180° zueinander angebrachten Massen erzeugen einen 180° Nullvektor, wodurch das System zum stabilen Kreisel wird. Aus zwei quasistabilen Systemen wir ein stabiles System.

Der Aufbau der subatomaren Teilchen ist nicht Gegenstand des Buches. Hier geht es nur um die Anwendung der Komplexitätstheorie auf diesen Bereich. Viele Phänomene können jedoch damit erklärt werden, die anderwärtig nicht erklärbar sind. Auf diese Weise erhalten wir jedoch Beweise für die Gültigkeit und die Anwendbarkeit der Komplexen Koexistenz.

8 Mathematische Grundlagen

Die mathematischen Grundlagen, für den Umgang mit der Komplexen Koexistenz, sind das komplexe Rechnen und die Vektorenrechnung. Auf die Integralrechnung können wir im Rahmen dieses Buches verzichten, da sie nicht zwingend notwendig ist. Es gibt jedoch ein paar zusätzliche Dinge zu wissen.

Unsere Grundformel lautet:

$$E = \vec{E} + j\vec{E} \qquad E = 1 = \text{konstant}$$
$$\vec{E} + j\vec{E} = 1$$
$$E = r(\cos\varphi + j\sin\varphi)$$
$$E = 1(\cos\varphi + j\sin\varphi)$$

Diese Formel trifft uneingeschränkt auf alle Systeme zu, die aus exakt gleichen Elementen zusammengesetzt sind. So wie unsere gewählten Beispiele. Wir erhalten ideale Kreise oder Kugeln (wenn wir zur dritten Dimension übergehen).

Wenn $\cos\varphi = 1$, dann ist $j\sin\varphi = 0$
$$E = 1(1 + 0) = 1$$
Wenn $j\sin\varphi = 1$, dann ist $\cos\varphi = 0$
$$E = 1(=+1) = 1$$

E ist zu jedem beliebigen Zeitpunkt 1. Wir erhalten somit die größtmögliche Stabilität, die ein System erreichen kann. Bei einer EMW ist nur dieser Idealzustand möglich. Da die Energie immer zu 100% an einem Punkt verfügbar ist, sind solche Dinge möglich, wie entweder Welle oder Masse oder sofortige vollständige Absorption.

Die obige Formel beschreibt diesen Idealfall. Wenn aber ungleiche gleichartige Elemente sich verbinden, entstehen auch stabile Zustände, mit dem Vektor 0 als Summe aller Vektoren = 0. Wenn sich solche Kombinationen aus rein komplexen Systemen zusammensetzen, sind sie stabil und bleiben ohne weitere Energiezufuhr oder -abgabe bestehen.

Hier nochmals der Idealzustand.

$$z^2 = x^2 + y^2$$

$$z = \sqrt{(x \cdot \sin\alpha)^2 + (y \cdot \cos\alpha)^2}$$

$$z = 1 = \text{konstant},\ x = y = 1$$

$$z = \sqrt{(\sin\alpha)^2 + (\cos\alpha)^2}$$

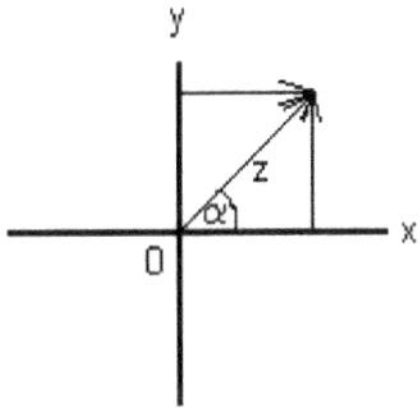

Um z konstant zu haben müssen x und y gleich sein und ebenfalls konstant und wir haben einen Winkel α. Nehmen wir als Beispiel eine Verbindung zweier Wellen mit dem Verhältnis f1/f2 von 1/2.

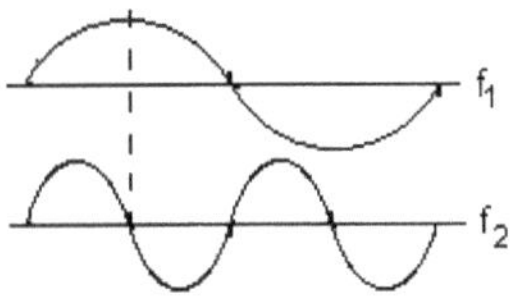

Bild 11

Hier haben wir andere Verhältnisse. Wir nehmen Amplitudengleichheit an. Aber, wenn die erste Welle 90° erreicht hat, ist die zweite bereits bei 180° angekommen. Wir haben verschiedene Winkel, α_1 und α_2.

Da aber beide Schwingungen stabile komplexe Systeme bilden, addieren sich diese. E ist dann die Summe aus den beiden Einzelenergien. $E = E_1 + E_2$.

Die Formel für Verbindungen, die aus exakt gleichen Elementen zusammengesetzt sind lautet:

$$E = 1\sqrt{(\cos\alpha_1)^2 + (\sin\alpha_1)^2} + \sqrt{(\cos\alpha_2)^2 + (\sin\alpha_2)^2}$$

$$E = \sqrt{1} + \sqrt{1}$$

Der zweite Summand hat zwar einen anderen Winkel α als der erste Summand, aber da die Summe aus $\sin^2$ und $\cos^2$ immer 1 ergibt, bleibt das Ergebnis 1 unverändert. Daraus folgt für die einfache Verbindung von komplexen Systemen die allgemeine Formel:

$E = \sum E_1 \cdots E_n$

Die 1 vor der Wurzel entspricht unserer Festlegung. Bei unterschiedlichen Energieinhalten (bei unterschiedliche Amplitudenwerten) wird die 1 durch den entsprechenden Wert ersetzt. Wenn wir die Amplitudenwert mit a bezeichnen, erhalten wir:

$E = \sum a_1E_1 \cdots a_nE_n = nE \sum a_1 \cdots a_n$

Die Stabilität wird ausschließlich von den Nullvektoren bestimmt. Nur an den Stellen an denen ein Nulldurchgang mit einem Maximum zusammentrifft gibt es komplexe Verbindungsmöglichkeiten.

Wenn wir eine Welle (komplexe Ebene) rotieren lassen, beschreibt die Spitze unseres Energievektors die Oberfläche einer Kugel. Der Wert des Vektors bleibt aber 1, wegen des Energieerhaltungsgesetzes. Der in dem Buch „Die Geheimnisse der elektromagnetischen Welle“ gezeigte Energiekubus ist die mathematische Projektion auf ein dreidimensionales Koordinatensystem. Physikalisch betrachtet bewegen sich die Energiepartikel auf der Oberfläche einer Kugel.

8.1 Kraft- und Energievektoren

In Kapitel 1.1 war die Rede davon, dass Kraft gestoppte Energie sei. Diese Aussage beruht auf Beobachtung. Aber es gibt auch einen mathematischen. Beweis.

$F = E/s$; Analog dazu für den Impuls, $p = E/t$.

Wenn wir nun einem Vektor (F=1N) einen um 180° gedrehten Vektor (F = -1N) entgegenstellen, erhalten wir $F_1 - F_2 = 1 - 1 = 0$. Wir erhalten einen resultierenden Vektor mit dem Wert 0. Physikalisch gesehen haben wir aber ein anderes Ergebnis. Der Punkt auf den die beiden gegengerichteten Vektoren drücken, muss beide Kräfte aufnehmen, also F_1+F_2 = 1+1=2. Den gleichen Widerspruch zwischen Mathematik und Physik erhalten wir auch, wenn wir die Energievektoren nehmen. Wir stellen die obige Formel um und erhalten $E = F \cdot s$. Wenn die Energie gestoppt wird, gibt es keine Ausdehnung, s wird zu 0 und damit auch E. Dies würde bedeuten, dass die Energie verschwindet. Das lässt aber das Energieerhaltungsgesetz nicht zu. Bei der 1. Rechnung kann man sich noch mit dem mathematischen Trick, dass man nur die Beträge der Kräfte addiert, aus der Affäre ziehen, aber bei der 2. geht das nicht mehr.

In Kapitel 3 haben wir gesehen, dass Energie in ihrer elementarsten Form (der EMW) eine komplexe Erscheinung ist und dass die EMW nur als Energie oder Masse existiert. Wir haben somit entweder eine reale oder eine imaginäre Größe. Wenn wir das auf das Verhältnis von Energie und Kraft übertragen, löst sich der obige Widerspruch auf.

Wir ordnen E der Real- und F der Imaginärachse zu und erhalten als resultierenden (Kraft-/Energievektor)

$$E=1(E\cos_0+jFs\sin_0)+1(E\cos_{180}+jFs\sin_{180}) \qquad |F \cdot s=0$$

$$=1\sqrt{(\cos_0)^2+(\sin_0)^2}+1\sqrt{(\cos_{180})^2+(\sin_{180})^2}=2$$

So und nur so stimmt die Mathematik mit der physikalischen Wirklichkeit überein.

Nur gestoppte Bewegungen (Kraft, Masse) können solche statischen Gleichgewichte bilden. Energie beinhaltet jedoch immer auch Distanz und Zeit. Diese treten hier nicht in Erscheinung, sind aber existent. Daher ist die obige mathematische Aussage: "s wird zu 0" ebenfalls physikalisch nicht korrekt. Die Beweisführungen hierzu übersteigen den Rahmen dieses Buches.

8.2 Drehrichtung komplexer Verbindungen

Die Drehrichtung ergibt sich aus den Verbindungen. Ist die Realachse 1(cos0°) und die Imaginärachse j0(sin0°), erhalten wir ein linksdrehendes System (gegen den

Uhrzeigersinn); ist die Realachse -1(cos180°) und die Imaginärachse j0(sin0°), wird das System rechtsdrehend. Wir haben 8 Kombinationsmöglichkeiten. Die Nachfolgende Tabelle zeigt uns die Drehrichtungen bei den verschiedenen Möglichkeiten an.

Achse/Winkel		Drehsinn
Welle 1	Welle 2	
rel.0°	im. 90°	rechts
im. 0°	rel. 90°	links
rel.0°	im. 270°	links
im. 0°	rel. 270°	rechts
rel.180°	im. 90°	links
im.180°	rel. 90°	rechts
rel.180°	im. 270°	rechts
im.180°	rel.270°	links

Wir können dies im Prinzip auch auf EMWen anwenden. Wir müssen jedoch die Tatsache im Auge behalten, dass EMWen natürlich den Bedingungen der komplexen Verbindungen unterliegen, aber auch elektrische und magnetische Pole ausbilden, welche Anziehungs- und Abstoßungskräfte besitzen.

Komplexe Systeme mit komplexen Systemen ergeben stabile Systeme. Komplexe Systeme mit nicht komplexen Systemen ergeben quasistabile Systeme, die mit Energie versorgt werden müssen, um erhalten zu bleiben oder sie geben Energie ab, um in einen stabilen Zustand zu gelangen. Letzteres können wir bei allen Kernteilchen mit extrem kurzen Halbwertszeiten annehmen. Sie geben Energie ab und zerfallen weiter, bis sie einen stabilen Zustand erreicht haben.

Als Beispiel können wir hier ein Neutron nehmen. Im Atomkern ist es ein stabiles Teilchen. Genaugenommen existiert es aber nicht. Es scheint vielmehr so zu sein, dass 2 Protonen von einem "Elektron" umkreist werden. Es bindet die elektrische Ladung der Protonen und verhindert damit ihre gegenseitige Abstoßung. Wir haben 2+ Ladungen und 1- Ladung. Die Differenz ist 1+. Daher haben wir zwei Masseeinheiten, aber nur eine positive Ladung nach außen. Wird nun diese Konstellation auseinander gerissen, so bleib das Elektron bei dem Proton, welches im Moment der Trennung die größere

Anziehung (elektrisch positiv) auf das Elektron ausübt. So entsteht das Neutron als eigenständiges Teilchen. Da aber die Kräfte und Energien nun nicht mehr im Gleichgewicht sind, ist dieses Teilchen instabil. Das Elektron löst sich vom Proton und geht auf eine Kreisbahn, die ein stabiles System (Wasserstoffatom) erlaubt. Die Umwandlung erfolgt unter Abgabe von Energie (EMW).

Dies ist nicht im Einklang mit der Theorie, dass hin und her hüpfende Mesonen die Bindungskräfte bilden. Aber diese Theorie erklärt nicht wieso sich ein Neutron in ein Wasserstoffatom umwandeln kann. Die Komplexe Koexistenz kann dieses Phänomen derzeit auch nicht vollständig erklären. Aber, folgendes ist sicher: Das Neutron löst sich nur, wenn Energie zugegeben wird. Es entsteht ein quasistabiler Zustand. Die zusätzliche Energie wird aufgebraucht und dann löst sich das Elektron. Daher die Zeitverzögerung. Elektrische Ladungen können nur mit elektrischen Ladungen kompensiert werden. Wenn ein Neutron in ein Atom zerfällt, dann ist sicher, dass die positive Ladung nur durch eine negative Ladung neutralisiert wurde. Vielleicht bindet das Elektron nicht die Kernteilchen, aber es macht eines der Teilchen nach außen neutral. Und es muss auch mit mehreren positiven Ladungsträgern verbunden sein.

Instabile Atomkerne sind im Grunde labile Zustände. Geringe Störungen des Energiegefüges bringen sie aus dem Gleichgewischt. Ein Atom (Energiesystem) geht entweder durch Abstoßen von α –Teilchen (Energiepakete) in einen niedereren stabilen Zustand oder durch Umwandlung einen Neutrons (β –Zerfall) in einen höheren stabilen Zustand über. In beiden Fällen wird Energie abgegeben. Ob ein System stabil ist, hängt vom Energiegefüge oder Energiezustand ab. Stabil bedeutet aber nicht statisch, sondern vielmehr innerhalb einen gewissen Bandbreite (Elastizitätsbereich).

8.3 Widerstände

Bisher haben wir uns fast ausschließlich mit den Extremwerten (entweder Real- oder Imaginärachse) bzw. mit den Übergängen zwischen ihnen befasst. Wir haben dabei die Tatsache ignoriert, dass es die mathematischen Werte 0 und unendlich in der Physik nicht geben kann. (Eine Forderung des Energieerhaltungsgesetzes.) Die mathematischen Sprungbedingungen (Übergänge) an 0 und unendlich, sowie den kleinst- und größtmöglichen Werten, sind in dem Buch "Mathematik ohne Grenzen" ausführlich behandelt.

Komplex bedeutet aber auch - und vor allem - das gemeinsame Auftreten von realen und imaginären Größen. Hier treten die Widerstände in Form von Gegenvektoren (180°) in Erscheinung. Sie unterscheiden sich jedoch von echten Kraftvektoren, die Energievektoren sind, da sie keine Energie zum Fließen bringen können.

Widerstände haben Bremsfunktionen - sie sind Manifestationen des Verharrungsgesetzes. Ohne Widerstände gäbe es nur die beiden Gegensätze fließende oder gestoppte Energie, ohne zeitliche Begrenzung. Wir haben gesehen, dass die Übergänge „sprunghaft“ sind. Widerstände bringen „Zeit“ ins Spiel. Aber Zeit ist nicht unser Thema. Im Zusammenhang mit der Komplexen Koexistenz interessiert uns vielmehr die Tatsache, dass Widerstände mit dem Zeitfaktor die Übergänge dehnen und deshalb erhalten wir wirklich komplexe Zustände mit realem und imaginärem Anteil. (Wir erhalten auf diese Weise fließende Übergänge.) Unser gesamter Erfahrungsbereich (das tägliche Leben) besteht ausschließlich aus komplexen Zuständen.

Anmerkung: Bei den nachfolgenden Erläuterungen verlassen wir den Rahmen der Schulmathematik. Die exakten mathematischen Ableitungen würden jedoch den Rahmen dieses Buches sprengen. Sie sind zum Verstehen auch nicht zwingend erforderlich.

Nehmen wir ein Beispiel aus dem Bereich der Elektrotechnik.

Wir haben eine Spannung U (Kraftvektor) der einen Energiefluss I verursacht. Die Formel (Ohmsche Gesetz) lautet U = R·I. Wenn R = unendlich ist, dann ist U das absolute Maximum (<M>) und I das absolute Minimum (<m>) U ist dann gleich dem Produkt der beiden Extremwerte mit dem Wert 1. D.h. 100% der Energie stecken in der Spannung (Kraft). Ist R aber 0 (Kurzschluss), so ist die Spannung U = 0 und der Strom I ist <M>, geht gegen unendlich. Die gesamte Energie befindet sich nun im fließenden

Zustand. Wir haben zwei Extremwerte mit denen wir in der Praxis aber nicht viel anfangen können.

In den vorangegangenen Kapiteln wurde dieser Zustand von entweder oder als Realachse oder Imaginärachse mathematisch bereits bewiesen. Wie passt nun aber der Widerstand da hinein?

Der Widerstand bewirkt gewissermaßen eine Aufteilung der Energie (nicht aber der Kraftvektoren der Spannung oder des Stromes), auf die Realachse (Kraft -gestoppte Energie) und die Imaginärachse (Energie die fließt). Er verhindert dadurch eine schlagartige Entladung. Die Energie springt nicht vom Kraftvektor (U) zum Stromvektor (I) sondern fließt und befindet sich daher zur gleichen Zeit auf beiden Achsen.

Genaugenommen teilt sich die Energie nicht auf, sondern befindet sich gleichzeitig auf beiden Achsen. Der Einfachheit halber können wir aber von einer Aufteilung sprechen.

Wenn diese Behauptung stimmt, dann muss der Energievektor der Bedingung E=1 (100%) genügen, in jedem Falle und unabhängig vom jeweiligen Wert des Widerstandes. Dies ist dann gegeben, wenn $\cos\alpha + j\sin\alpha = 1$ ergibt.

Der Energievektor entspricht der elektr. Arbeit $W = U \cdot I \cdot t$. Wir erhalten:

$$E = U \cdot I \cdot t$$

$$E = U \cdot I \cdot (\cos\alpha + j\sin\alpha)$$

$$E = t(\cos\alpha + j\,0{,}2)$$

$$E = t(\cos_{11{,}3^\circ} + j\,0{,}2)$$

$$E = 1(0{,}98 + j\,0{,}2)$$

$$E = (0{,}98 + j\,0{,}2)$$

$$E = U \cdot I \sqrt{0{,}98^2 + 0{,}2^2}$$

$$E = 10 \cdot 2 \cdot 1 = \underline{\underline{20}}$$

$$E = U \cdot I \cdot t(\cos_\alpha + j\sin_\alpha)$$

$$t = 1;\ E = U \cdot I;\ U = 10, R = 5$$

$$U = R \cdot I \longrightarrow I = \frac{U}{R} = \frac{10}{5} = 2A$$

$$E = U \cdot I \cdot t = 10 \cdot 2 \cdot 1 = \underline{\underline{20}}$$

$$r = \sqrt{U^2 + I^2} = 10{,}2$$

$$\sin\alpha = \frac{I}{r} = \frac{2}{10{,}2} = 0{,}2$$

$$\longrightarrow \alpha = 11{,}3^\circ$$

Wir können diese Berechnung mit jedem beliebigen Wert wiederholen, wir erhalten immer E=U·I·t, da E- real und E-imaginär immer den Wert 1 ergeben; nur der Wert des Winkels (α) ändert sich. Mathematisch entspricht diese Rechnung einer Transformation einer Multiplikation (z=x·Y) auf die komplexe Ebene mit anschließender Rücktransformation. Daraus ergibt sich, dass sich die 180°- Nullvektoren immer aus einer Addition aus zwei 90° Vektoren ergeben, ob diese nun sichtbar sind oder nicht. Die obige Rechnung dient nur der Beweisführung, für den praktischen Gebrauch ist sie zu kompliziert. Man muss sich jedoch im Klaren darüber sein, dass auch dann komplexe Beziehungen am Werk sein können, wenn dies nicht aus den üblichen Formeln ersichtlich ist. Immer wenn es zwei Zustände (statisch / fließend) gibt, muss man davon ausgehen, dass ein komplexes Verhältnis zugrunde liegt. Wenn man im Zweifel ist, kann man die obigen Formeln zur Überprüfung hernehmen.

Der Widerstandsvektor ist natürlich ein 180° Vektor, der sich einem Kraftvektor entgegenstellt. Da aber Kraft und fließende Energie eine komplexe Beziehung haben, haben logischerweise auch Energie und Widerstand eine solche Beziehung. Energie ist somit eine Erscheinung der ersten Dimension (lineare Größe), welche sich aber unter dem Einfluss von Kraftvektoren auf höhere Dimensionen (Ebene, Raum) ausdehnt. Energie erzwingt Bewegung, Widerstand versucht sie zu verhindern. Da aber der Widerstand nur eine Reaktionskraft ist, gewinnt Energie eigentlich immer. Wenn die angreifende Kraft (Energiemanifestation) zusammenbricht, verschwindet auch der Widerstand.

9 Die Gravitation

Die Gravitation ist die Kraft, über die wir wohl am wenigsten wissen. Wir wissen, dass sie existiert und mit dem Quadrat der Entfernung abnimmt. Letzteres zeigt, dass sie ein Feld aufbaut, ähnlich wie Elektrizität und Magnetismus. Die Gravitation hat aber im Gegensatz zu den anderen Feldern keine Polarisierung (es gibt keine bekannte Minusgravitation). Die Gravitation ist eine zum Zentrum gerichtete Kraft - eine Zentripetalkraft. Das Feld außerhalb des Massekörpers besteht aus Zugkräften. Zugkräfte entstehen aus dem Bemühen von Feldlinien sich zu verkürzen. Es ist keine andere Möglichkeit bekannt. Aber Feldlinien sind nicht das Thema dieses Buches, damit werde ich mich gegebenenfalls in einem anderen Werk auseinander setzen.

In Kapitel 7.1 habe ich die Behauptung erstellt, dass die Gravitation durch die Überführung von der geradlinigen (wellenförmigen) Bewegung in die Rotation entsteht. Nur aufgrund der Tatsache, dass die EMW nur die beiden Zustande real oder imaginär einnehmen kann. Das passt voll ins Konzept der Komplexen Koexistenz, aber wir wollen nach weiteren Beweisen Ausschau halten.

Wenn wir uns die Sache genauer anschauen, sehen wir, dass wir in Kapitel 7.1.1 zwar die Energiebilanz überprüft haben und die elektrischen/magnetischen Kraftvektoren, aber die Bewegungsvektoren nur zur Berechnung der Energiebilanz berücksichtigt haben. Das war völlig korrekt für die Berechnung in dem Kapitel.

Zwar verursachen die beiden Magnetpole mit ihrem Kraftvektor die Überführung in die Rotation, aber die Feldlinien des Magnetfeldes, welche die Kraft zwischen den Polen erzeugen, sind bereits mit den elektrischen Feldlinien in einer stabilen komplexen Verbindung. Um zu verhindern, dass das komplexe Gefüge zerrissen wird, brauchen wir ein stabiles 180° Kräftepaar. Nachdem die Rotation entstanden ist (der Realvektor zu 0 und der Imaginärvektor zu 1 geworden sind) haben wir eine Fliehkraft (durch die Bahnkrümmung erzeugt) ohne Zentripetalkraft. Zu Beginn des Buches haben wir festgestellt, dass die Fliehkraft automatisch als Ausgleich zur Gravitation entsteht. Hier haben wir nun den umgekehrten Effekt. Die Gravitation entsteht als Ausgleich zur Fliehkraft. Das allgemeine *Umkehrprinzip* hat auch hier Gültigkeit. Zentrifugalkraft und Zentripetalkraft bilden ein Kräftepaar mit 180° Nullvektor. Sie haben nur ***gemeinsam*** eine "Polarisierung" daher hat sowohl die Fliehkraft als auch die Zentripetalkraft immer nur eine Richtung (somit gibt es kein Plus und Minus). Damit haben wir eine brauchbare Erklärung, wieso die Gravitation immer nur zum Zentrum gerichtet ist und umgekehrt, die Zentrifugalkraft immer nur vom Zentrum weg.

9.1 Die Gravitation als Reaktionskraft

Wenn die Gravitation, als Reaktionskraft auf die Fliehkraft entsteht, dann muss sich dies auch mathematisch belegen lassen.

Da Zentripetalkraft (Gravitation) und Zentrifugalkraft sich lediglich durch ihre Wirkrichtung unterscheiden, können wir als Ausgangsformel die Fliehkraftformel nehmen.

Ausgangsformel: $F_g = r \cdot \omega^2 \cdot m \quad \Big| \quad \omega = 2\pi f$

$$F_g = r \cdot (2\pi f)^2 \cdot m$$

$$F_g = r \cdot f^2 \cdot (2\pi)^2 \cdot m \qquad \Big| \; c = f\lambda \quad \lambda = 2\pi r, \quad f = \frac{c}{2\pi r}$$

$$F_g = r \cdot \left(\frac{c}{2\pi r}\right)^2 \cdot (2\pi)^2 \cdot m$$

$$F_g = \frac{r \cdot c^2 \cdot (2\pi)^2 \cdot m}{(2\pi)^2 \cdot r^2}$$

$$F_g = \frac{c^2 \cdot m}{r} = \frac{E}{r} \qquad \Big| \; E = mc^2$$

Für die EMW im Energiezustand müssen wir auf das gleiche Ergebnis kommen. Sowohl die Äquivalenz von Energie und Masse, als auch das mathematische Prinzip der Austauschbarkeit von Real- und Imaginärachse verlangen dies. Wir überprüfen das.

Ausgangsformel: $F_g = r \cdot \omega^2 \cdot m$ | $\omega = 2\pi f$

$$F_g = r \cdot (2\pi f)^2 \cdot m$$

$$F_g = r \cdot f^2 \cdot (2\pi)^2 \cdot m$$

| $E = mc^2$ $E = hf \rightarrow mc^2 = hf$

| $m = \frac{hf}{c^2}$

$$F_g = r \cdot f^2 \cdot (2\pi)^2 \cdot \frac{hf}{c^2}$$

$$F_g = \frac{r \cdot f^3 \cdot (2\pi)^2 \cdot h}{c^2}$$

| $c = f\lambda$ $\lambda = 2\pi r$

| $f = \frac{c}{2\pi r}$

$$F_g = \frac{r \cdot c^3 \cdot (2\pi)^2 \cdot h}{(2\pi)^3 \, r^3 \, c^2}$$

$$F_g = \frac{hc}{r^2 \, 2\pi} = - \frac{2\pi r}{r^2 \, 2\pi}$$

| $c = f 2\pi r$

$$F_g = \frac{hf}{r} = \frac{E}{r}$$

| $E = hf$

Die Ergebnisse stimmen überein. Da sowohl die physikalischen Überlegungen, als auch die mathematischen Berechnungen zum gleichen Ergebnis führen, können wir es als erwiesen ansehen, dass die Gravitation als Reaktionskraft auf die Bahnkrümmung, vom Energieerhaltungsgesetz erzwungen wird.

9.2 Die Masse einer rotierenden Welle

Mit Hilfe der obigen Formeln lässt sich nun die Gravitationskraft einer rotierenden (gestoppten) Welle berechnen; und damit auch ihre relative Masse. Beide Größen sind frequenzabhängig. Da bei der Kernzertrümmerung Gammastrahlen frei werden und sich die Trümmer auch in Gammastrahlen auflösen, nehmen wir an, dass sich die Kernteilchen aus Gammastrahlen zusammensetzen. Für die nachfolgenden Berechnungen habe ich den Frequenzbereich der Gammastrahlung genommen. Untergrenze ($f=10^{20}s^{-1}$) und Obergrenze ($f=10^{21}s^{-1}$) sind als Beispiel gewählt. (f steht für Frequenz, in der Kernphysik wird üblicherweise γ verwendet). Die Berechnungen gelten selbstverständlich auch für alle anderen Bereiche der EMW.

Ausgangsformel: $F_g = \frac{h\,f}{r}$

$F_g = \frac{h\,2\pi f^2}{c}$ | $c = 2\pi r f$, $r = \frac{c}{2\pi f}$

$F_g = \frac{6{,}625 \cdot 10^{-34} \cdot 6{,}28 \cdot (10^{20})^2}{3 \cdot 10^8}$

$\underline{\underline{F_g = 0{,}13868\ N}}$ für $f = 10^{20} s^{-1}$

$\underline{\underline{F_g = 13{,}868\ N}}$ für $f = 10^{21} s^{-1}$

Da wir nun die Gravitationskraft haben, können wir jetzt die zugehörige Masse errechnen. Zweckmäßigerweise bezeichnen wir jedoch diese Masse als relative Masse, da sie nur für jeweils eine bestimmte Frequenz gilt. Auch haben wir die Gravitation als imaginäres Gegenstück zur realen Energie definiert. Die Masse tritt nur in Erscheinung, wenn die EMW in eine Rotation übergeführt ist und somit nicht mehr als Welle existiert. Oder wir können sie als Masse einer gestoppten EMW bezeichnen, was auch korrekt ist.

Ausgangsformel: $F_g = \frac{mc^2}{r}$

$F_g = \frac{mc^2\,2\pi f}{c}$ | $c = 2\pi r f$, $r = \frac{c}{2\pi f}$

$F_g = \frac{mc\,2\pi f}{c}$

$m = \frac{F}{c f\,2\pi}$ für $f = 10^{20} s^{-1}$

$m = \frac{0{,}13868}{3 \cdot 10^8 \cdot 10^{20} \cdot 6{,}28}$

$m = \underline{\underline{7{,}38445 \cdot 10^{-31} kg = 7{,}38445 \cdot 10^{-28} g}}$

9.2.1 Mengenverhältnis

Wie wir sehen können liegt der Wert sehr nahe an der Elektronenmasse. Wenn wir davon ausgehen, dass ein Elektron ebenfalls aus rotierenden Gammastrahlen besteht (und nicht aus langwelligeren Wellen, was aber nicht sicher ist), dann kann das Elektron nur aus einem Gammastrahlenpaar bestehen. Wir können die Frequenz der beiden zugrundeliegenden EMWen errechnen.

Ausgangsformeln:

$$F_g = \frac{mc^2}{r} \qquad F_g = \frac{hf}{r} \qquad \Big| \text{ Durch Gleichsetzung erhalten wir}$$

$$\frac{mc^2}{r} = \frac{hf}{r} \qquad \Big| \cdot r$$

$$mc^2 = hf$$

$$f = \frac{mc^2}{h} = \frac{9{,}1 \cdot 10^{-28} g \cdot (3 \cdot 10^8)^2 m^2 s^{-2}}{6{,}625 \cdot 10^{-34} ws^2}$$

$$f = \underline{\underline{1{,}23626415 \cdot 10^{20} s^{-1}}}$$

Protonen bestehen aus vielen einzelnen Elementen. Es ist kaum anzunehmen, dass es nur auf einer Frequenz beruhenden Kernteilchen gibt. Es ist vielmehr davon auszugehen, dass das Proton (ähnlich dem Atom) schalenförmig aufgebaut ist. Dies ergibt sich aus der Tatsache, dass der Radius bei höheren Frequenzen kleiner wird. Aber jetzt sind die Experimentalphysiker an der Reihe. Durch das Bestimmen der Frequenzen der Gammastrahlung die bei der Kernzertrümmerung entsteht, lassen sich nun Rückschlüsse auf den Kernaufbau ziehen.

9.2.2 Die Gravitation ist eine veränderliche Größe

Aus der Formel aus 9.1 $F_g = E/r$ ergibt sich die Tatsache, dass die Gravitation eine vom Radius (r) abhängige Größe ist. Wir ersetzen F_g durch G und erhalten nach Umstellung der Formel E = G·r (G = Gravitation). Somit ist G = E : r. Oder, bezogen auf die Frequenz: **G=E · ω/c.** Wir nehmen E als konstant an - in Anwendung des Energieerhaltungsgesetzes. Lassen wir nun *r gegen null* gehen, so geht *G gegen unendlich*. Wir haben hier also eine umgekehrte Proportionalität.

Wird nun ein Atom oder Masseteilchen unter hohem Gravitationsdruck, wie er im Innern größer Gestirne herrscht, zusammengedrückt, so wird es schwerer und sein Volumen nimmt in gleichem Maße ab.

Daraus folgt, dass die Gravitation eine umgebungsabhängige Größe ist. Da Atome und atomare Teilchen eine Bandbreite haben, innerhalb derer sie existieren, sind auch die Halbwertszeiten umgebungsabhängig. D.h., dass auf Planeten mit wesentlich höherer Gravitation, die Atomuhren anders gehen, als auf der Erde. Auch die beim Kernzerfall entstehenden EMWen haben vermutlich eine andere Frequenz.

Mit starken elektrischen oder magnetischen Feldern erhalten wir möglicherweise die gleichen Effekte.

Beim Zerfall hochverdichteter Teilchen entstehen dann auch keine Gammastrahlen, sondern hochfrequentere kosmische Strahlen. Da aber sowohl r als auch G endliche Größen sind, kann eine Masse zwar extrem hoch verdichtet werden, nicht aber unendlich. Das Energieerhaltungsgesetz lässt dies nicht zu. Außerdem, wenn r gegen null geht, geht nicht nur G gegen unendlich, sondern auch die Zentrifugalkraft. Die Eigenrotation einer solchen Masse wird diese schließlich zerreißen. Die Befürchtungen einiger Urknalltheoretiker, dass sich das Universum (aufgrund der Gravitation) vollständig zu einer unendlichen Masse verdichten könnte, sind übertrieben.

10 Zusammenfassung

Die Theorie über die Komplexe Koexistenz befasst sich nur mit Vektoren von Energien und Impulsen (Kräfte und Felder werden als Energieform angesehen), welche im Winkel von 90° (oder 2·90°) zueinander stehen. Als komplexe Beziehung bezeichnen wir Vektoren, die 90° zueinander stehen. 180° Vektoren sind nur dann von Bedeutung, wenn sie als Teil einer 90° Beziehung in Erscheinung treten.

Nullvektoren sind immer das Ergebnis von 2 Kraftvektoren die entgegen gerichtet sind (180°-Vektoren) oder 90° zur Bewegungsrichtung angreifende Kräfte. Letztere ergeben einen Nullvektor durch die komplexe Anbindung ($z = r(\sin\alpha + j\cos\alpha)$). 180°- Nullvektoren haben Sperrfunktionen, sie halten Kräfte im Gleichgewicht, so dass diese keine Energie zum Fließen bringen können. 90°-Vektoren leiten die Energie in eine andere Dimension, bzw erlauben das Entstehen von Kräften im 90°-Verhältnis. Wenn die Gerade durch 2 entgegen gerichteten Vektoren (180° Nullvektor) blockiert ist, weicht die Energie in die Ebene aus (90°). Ist die Ebene durch zwei 90° zueinander stehende Kräftepaare im 180° -Verhältnis blockiert, so weicht die Energie um 90° zur Ebene aus - in die 3. Dimension.

Allen nicht linearen Bewegungen und allen stabilen periodischen Bewegungszuständen, liegen komplexe Beziehungen zugrunde (Schwingungen, Wellen, Kreisel, die gesamte Himmelsmechanik und die subatomaren Bewegungen).

Bei unseren Überlegungen haben wir Kräfte der Einfachheit halber als Energievektoren bezeichnet. Will man aber Kräfte mit anderen Energiemanifestationen zusammen mathematisch gleichsetzen, muss man sie in eine Energieform umsetzen. Man muss sie transformieren; für die theoretischen Überlegungen konnten wir allerdings darauf verzichten.

11 Ausblick

Die Theorie der Komplexen Koexistenz bietet uns einen guten Einblick in das allgemeine Konzept, wie die Natur aufgebaut ist. Insbesondere die Überlegungen im subatomaren Bereich basieren auf Beobachtungen und bekannten Gesetzmäßigkeiten in anderen Bereichen der Physik. Durch Übertragung in den subatomaren Bereich lassen sich so viele Dinge erklären, die anderwärts nicht erklärbar sind. Durch die konsequente Anwendung der Erkenntnisse der mathematischen Regeln, der komplexen Zuordnungen und der Nullvektoren auf diese Bereiche, lassen sich mithilfe von Energie- und Impulserhaltungsgesetz ungeahnte Zusammenhänge erklären und verstehen.

Im Rahmen dieses Buches ließen sich die Zusammenhänge im subatomaren Bereich nur anreißen. Ich bestehe auch nicht darauf, dass die aufgezeigten Erklärungen der Weisheit letzter Schluss sind. Aber bevor Sie sagen, dass alles Käse sei, beweisen Sie mir bitte das Gegenteil.

Ein volles Verstehen der Verhältnisse im subatomaren Bereich, wird ohnehin nicht möglich sein, solange wir nicht wissen was Feldlinien eigentlich sind. Während der Arbeit an diesem Buch sind Ansätze ins Auge gesprungen, die uns auch die Türen in diesen Bereich öffnen könnten. Die einheitliche Feldtheorie, der Traum von Albert Einstein, rückt in Sichtweite.
Wenn meine Zeit es mir erlaubt, werde ich mich mit dem Thema weiter auseinandersetzen.

Ein abschließendes Wort zum Thema Energie. Wir können eine allgemeingültige Formel für die Energie erstellen.

$E = mc^2$; $E = hf$ bzw. $E = h\gamma$

$E = E_e + jE_m$ => $\mathbf{E = hf + jmc^2}$

Für die Gravitation gilt:

$$G = \frac{E}{r} = \frac{hf + jmc^2}{r}$$

oder

$$G = \frac{(h\gamma + jmc^2)\omega}{c}$$

Anhang:

Hinweise zur Literatur

Zur Vertiefung des Hintergrundwissens nehmen Sie bitte die allgemeine Fachliteratur zur Hilfe. Es folgt eine Auflistung der relevanten Fachgebiete und Bereiche. Die Zahlen in der Klammer ist das jeweilige Kapitel in dem es zum 1. mal benötigt wird.

Allgemeine Physik

- Drehimpuls (1)
- Drehmoment (1)
- Dnamik fester Körper (1)
- Impulse (1)
- Kräfte (1)
- Kreisel (1)
- Schwingungen (2.3)
- Transversalwelle (3)
- Wellen (2.3)
- Zentrifugalkraft/Zentripetalkraft (1)

Astrophysik

- Gravitation (1)
- Neutronensterne (schwarze Löcher) (9.2.2)

Atomphysik/Kernphysik

- Das Wellenmechanische Atommodel (3.1)
- Elementarladungen (5)

Elektrotechnik

- elektrische Feld (1.1)
- elektrische Ladungen (2.1)
- elektrische Schwingkreis (2.2)
- elektrische Wellen (2.1)
- Induktionsgesetze (2.2)
- Magnetismus (1.1)

Quellennachweis:

Die Daten zu diesem Buch, soweit sie nicht aus eigenen Forschungen stammen, sind der allgemeinen Fachliteratur entnommen.
Speziell verwendet wurden: Netz Formeln der Mathematik und Netz Formel der Physik (Hansa Verlag) und Physik für technische Berufe (Verlag Handwerk und Technik).

Fachausdrücke/Definitionen

180° Nullvektor, Nullvektor, der aus zwei gleichgroßen um 180° gegeneinander gerichteten Vektoren besteht.

90° Nullvektor, ein Vektor, der 90° zu einem Vektorpaar (180° Nullvektor)steht und daher keine Wirkung auf das Vektorpaar ausüben kann. (Der Betrag des Vektors, als Kraftvektor, ist nicht "0" -aber,es kann keine Energie fließen,daher ist er als Energievektor "0".

aktive Kraft, eine Kraft, die das Ergebnis einer Energieeinwirkung ist - im Gegensatz zur statischen Kraft oder Widerstandskraft.

Amplitude/Amplitudenwert, Differenz zwischen dem höchsten und niedrigsten Wert einer Welle oder größter Ausschlag einer Schwingung.

Antimaterie, Materie, die aus Atomen bestehen, deren Elementarladungen umgekehrt sind. Der Kern ist negativ geladen und die Hülle positiv. In Struktur und Verhalten (chem.) unterscheidet sie sich vermutlich nicht.

Äquivalenz von Energie und Materie, laut Einstein sind Energie und Masse äquivalent zueinander, d.h. Energie kann in Materie umgewandelt werden und umgekehrt. Die Beziehung entspricht $E=mc^2$.

Ausgleichsvektor, ein Vektor der zum Ausgleich einer Kraft vom Energie- oder Impulserhaltungsgesetz erzeugt wird.

Bahnkrümmung, Die Krümmung einer geraden Bahn (geradlinige Fortbewegung einer Masse) durch eine quer zur Bahn stehende Kraft. Sie ist der Übergang von einer geradlinigen Bewegung zur Rotation. Der Übergang von der 1. zur 2. oder der 2. zur 3. Dimension.

bivalente Natur, in zwei Erscheinungsformen vorkommend (auch Doppelnatur). Subatomare Teilchen kommen sowohl als Masse, als auch als Welle (Energie) vor.

Dimension, im mathem. physikal. Sinne gibt es 3 Dimensionen. 1. eine Gerade, 2. eine Fläche, 3. ein Raum (Beisp. m=1, m^2 = 2. und m^3 = 3. Dimension). Mathematisch sind auch weitere Dimensionen möglich, physikal. sind jedoch nur 3. bewiesen.

Drehpunkt, auch Rotationspunkt, der Punkt um den eine Masse rotiert. Wenn der Drehpunkt mit dem Schwerpunkt der Masse konform geht, erhalten wir im mathem. physikal. Sinne einen Kreisel.

elektrische Ladung, Überschuss (elektr.-) oder Mangel (elektr.+) an elektr. geladenen Elementarteilchen -> Elementarladung.

elektrischer Schwingkreis, besteht aus einer Spule und einem Kondensator. Die Energie schwingt zwischen Spule und Kondensator hin und her. Der Kondensator wird im Wechsel entladen und in Gegenrichtung wieder aufgeladen.

elektrisches Feld, elektr. geladener Bereich zwischen zwei elektr. Polen mit entgegengesetzter Ladung.

Elektromagnetische Welle (EMW), stetige wellenförmige Veränderung des Energiezustands elektr. und magnet. Felder. Die Ausbreitungsgeschwindigkeit ist die Lichtgeschwindigkeit (300 000 km/sek). Elektr. und magnet. Feld stehen senkrecht zur Ausbreitungsrichtung und stehen senkrecht zueinander.

Elektron, elektr.negativ geladenes Teilchen. Die Hülle des Atoms wird aus Elektronen gebildet.

Die Ladung des Elektrons beträgt 1,602·10^{-19} Ws = 6,24·10^{18} eV, seine Masse beträgt 9,1·10^{-28} g

Elementarladung, kleinste in der Natur vorkommende elektr. Ladung (1,602x10^{-19} Coulomb =1,602.10^{-19} Ws). Jede elektr. Ladung ist ein ganzzahliges Vielfaches einer Elementarladung. Es gibt positive und negative Elementarladungen.

EMW **->** Elektromagnetische Welle

Energie, eine messbare Größe, die verschiedene Ursachen haben kann. Sie ist immer ein Vektor, d.h. sie besteht aus mehreren Faktoren z. B aus m (Skalar) und s (Skalar) = m·s. Es ist immer eine Bewegung enthalten - ein Zeitfaktor- auch, wenn es sich um eine potenzielle Energie (nicht fließende Energie) handelt.

Energieerhaltungsgesetz, der Satz von der Erhaltung der Energie, besagt, dass Energie mit physikal. Mitteln weder erzeugt noch zum Verschwinden gebracht werden kann. Energie kann in andere Energieformen (auch in Materie) umgewandelt werden. Der E. gilt als elementarer Grundsatz der Physik.

Feldlinien, (elektrisch und magnetisch), Kraftlinien, die sich zwischen den Polen von Magneten oder elektr. Polen ausbilden. Ihre Anziehungs- oder Abstoßungskraft verringert sich mit dem Abstand in progressiver Weise.

Fliehkraft **->** Zentrifugalkraft

Gasentladung, elektrische Entladung von Gasen oder Dämpfen. Durch eine elektr. Spannung werden Elektronen derart beschleunigt, dass sie Gasmoleküle in Ionen zerschlagen. Dabei wird Licht ausgesandt.

geladene Partikel, **->** Elementarladung

Gleichgewicht der Kräfte, statische und stabile Zustände gibt es nur, wenn die beteiligten Kräfte im Gleichgewicht sind. D.h. die Summe der Kräfte ist "0".

Gleichgewichtszustände, es gibt 3 Gleichgewichtszustände. 1. stabiles Gleichgewicht (die Kräfte sind im Gleichgewicht -geringfügige Energiezufuhr stört das Gleichgewicht nicht), 2. labiles Gleichgewicht (eine geringfügige Energieänderung bringt das System zum Kippen) und 3. quasistabiles Gleichgewicht (das Gleichgewicht wird nur durch ständige Energiezufuhr aufrechterhalten).

Gravitation/Gravitationsfeld, die Gravitation od. Schwerkraft ist eine Eigenschaft der Masse. In der Umgebung einer Masse wirkt die Gravitation durch ein Kraftfeld, welches andere Massen anzieht. Die Gravitation ist eine zum Zentrum gerichtete Kraft.

Gravitationskraft, Kraft mit der sich Massen gegenseitig anziehen.

Hüllenteilchen **->** Elektron

Imaginärachse, Die Gaußsche Zahlenebene besteht aus der Zahlengeraden (Realachse) und einer weiteren Zahlengeraden, welche 90° zur Realachse angebracht ist; diese wird als Imaginärachse bezeichnet. Die Achsen schneiden sich bei "0". -> Komplexe Rechnung.

Impuls, das Produkt aus Kraft mal Zeit (F·t)

Impulserhaltungsgesetz, besagt, dass der Impuls erhalten bleibt, wenn keine äußere Kraft auf ein System wirkt.

Induktion/Induktionsgesetz, Bewegt man einen Leiter in einem Magnetfeld, so dass Feldlinien geschnitten werden, so entsteht eine elektrische Spannung. Die Richtung des dazugehörigen elektr. Stoms ist 90° zur Bewegungrichtung.

Interaktionen, Aktion zwischen zwei Systemen oder Kräften.

Interferenzen, Erscheinungen, die bei der Überlagerung von Wellen auftreten. Z.B. tritt beim Zusammentreffen von Wellenberg und Wellental, von frequenzgleichen Wellen, eine Auslöschung ein.

Ionisationsbrücke, entsteht durch die Ionisation von Gasmolekülen. Ist die elektr. Spannung hoch genug, so erzeugen die angeregten Ionen ihrerseits Ionen, wodurch eine Brücke entsteht, über die eine Entadung ermöglicht wird. Z.B. bei einem Blitz. -> Gasentladung.

Kernteilchen **->** Proton, Neutron

komplexe Konstellation, eine Konstellation von Kräften die ausschließlich 90° und 180° (2 mal 90°) zueinander angeordnet sind.

komplexe Kräfte, Kräfte die aus einem realen und einem imaginären Anteil bestehen.

komplexe Rechnungen, basiert auf der Gaußschen Zahlenebene. Sie besteht aus der Zahlengeraden (Realachse) und einer weiteren Zahlengeraden, welche 90° zur Realachse angebracht ist; diese wird als Imaginärachse bezeichnet. Die Achsen schneiden sich bei "0". Eine Zahl liegt entweder auf der Realachse (x) oder auf der Imaginärachse (y) oder im Bereich dazwischen. Jede Zahl wird durch eine x und eine y Komponente bestimmt. Eine Imaginärzahl wird mit i (oder j) gekennzeichnet (z.B. y = i2). Die Sprungbedingung zur Imaginärachse ist $\sqrt{-1}$.

komplexe Verbindung, Verbindungen von Kraft oder Energievektoren im 90°-Verhältnis.

Kondensationspunkte, Punkte an denen eine Kondensation stattfinden kann. Es ist eine theoretische Annahme, dass sich Energie nur an solchen Punkten anlagern und zu Materie kondensiert kann.

Konstellation, die Art und Weise wie Systeme oder Dinge angeordnet sind.

Kraft, aufgestaute oder potenzielle Energie, die eine Wirkung verursachen kann. Kräfte treten nicht in Erscheinung, solange Energie ungestört fließen kann.

Kräftepaar Zentrifugalkraft / Zentripetalkraft, Kräftepaar, bestehend aus Zentrifugal- und Zentripetalkraft. Die beiden Kräfte bedingen sich gegenseitig - eine von beiden kann nicht alleine existieren.

Kreisel, ein stabiler Gleichgewichtszustand, eine rotierende Masse bei der Drehpunkt und Schwerpunkt zusammenliegen.

Lichtquant, jeder Lichtstrahl (EMW) besteht aus einem Energie- oder Strahlungsquant, dessen Wert ist eine Konstante ($h=6{,}6525 \cdot 10^{-34}$ WS^2 = $4{,}13 \cdot 10^{-15}$ eVs).

Magnetfeld, zwischen den Polen eines Magneten (Nord- und Südpol) bestehendes Kraftfeld. Die Kraft nimmt mit dem Quadrat der Entfernung ab.

Makrokosmos, Das Weltall; kommt von magkro = groß, Gegensatz ist Mikrokosmos.

Medium, ein Mittler, ein Stoff der eine etwas übermitteln, übertragen oder weiterleiten kann. Z.B. Luft dient als Medium zur Übertragung von Schallwellen.

Meson, Elementarteilchen dessen Masse zwischen Proton und Elektron liegt. Es entsteht bei der Kernzertrümmerung und ist instabil. Es gibt verschiedene Mesone, dem sogenannten π Meson wird die Bindung zwischen den Kernbausteinen des Atoms zugeschrieben.

Mikrokosmos, Bereich der Physik (Natur), der so klein ist, dass er mit bloßem Auge nicht mehr beobachtet werden kann.

Neutron, elektr. ungeladener Kernbaustein, dessen Masse geringfügig über der des Protons liegt.

Nullvektor, ein Vektor mit dem Betrag "0".

Potenzial, zwischen unterschiedlichen Mengen von etwas bilden sich Potenziale aus, die sich auszugleichen versuchen, wodurch sich Kräfte ausbilden. Z.B. elektr. Potenzial, Druckpotenziale usw....

Proton, positiv geladenes Kernteilchen. Die Anzahl der Protonen bestimmt die chemischen Eigenschaften des Atoms. Obwohl seine Masse etwa 1800 mal größer ist als die des Elektrons, entspricht seine elektr. Ladung der des Elektrons.

qualitative Erscheinung, qualitative Kräfte, Kräfte oder Phänomene, die nicht auf Potenzialen, sondern auf fließenden Energien beruhen.

quasistabiles System, ein Zustand der stabil zu sein scheint. Tatsächlich bleibt der Zustand nur solange stabil, wie Energie zu- oder abfließt.

Realachse, Die Gaußsche Zahlenebene besteht aus der Zahlengeraden (Realachse) und einer weiteren Zahlengeraden, welche 90° zur Realachse angebracht ist; diese wird als Imaginärachse bezeichnet. Die Achsen schneiden sich bei "0". -> Komplexe Rechnung.

Resultierende / resultierende Kraft, wenn mehrere Kräfte zusammenfallen, resultieren sie in einer gemeinsamen Kraft der Resultierenden (wirksame Kraft).

Rotation von zwei komplexen Welle, wenn zwei komplexe Wellen (z.B. EMWen) gemeinsam rotieren, entsteht eine räumliche Energieverteilung die Energie bewegt sich auf der Oberfläche einer Kugel.

Schwerefeld, -> Gravitation

stabile komplexe Systeme, Systeme, die ausschließlich aufgrund ihrer komplexen Natur stabil sind. (Beispiel: Sonne/ Planet, Elektrizität/Magnetismus).

subatomarer Bereich, der gesamte Bereich der kleiner als ein Atom ist, der Bereich der Atom oder Nuklearphysik.

Tesla, Nikola Tesla, Physiker, der um 1900 intensive Forschung mit EMWen und Schwingungen betrieb.

Translationsbewegung, geradlinige Bewegung

Transversalwelle, Welle die quer zur Ausbreitungsrichtung schwingt.

Umkehrprinzip, Prinzip, dass wenn es in der einen Richtung geht, es auch umgekehrt geht. Z.B. mit der Bewegung eines Kolbens kann man Druckluft erzeugen- mit Druckluft kann man eine Bewegung des Kolbens erzeugen.

umlaufende Kraft, eine Masse, die sich um eine außerhalb ihres Schwerpunktes liegende Achse dreht erzeugt eine Kraft (Fliehkraft), einen Kraftvektor, der im Drehsinne ständig seine Richtung ändert. Bei einem gleichmäßigen Umlauf ist die Summe aller Einzelvektoren "0". Es gibt jedoch keinen Nullvektor, da die Vektoren nicht Zeitgleich existieren, daher kommt es zur Unwucht -> Unwucht.

Unwucht, ungleichmäßige Massenverteilung bei einem rotierenden System. Die Drehachse liegt nicht genau im Schwerpunkt. Äußert sich in meist störenden Schwingungen. -> umlaufende Kraft.

Vektor, 1. math. gerichtete Größe, die durch Betrag und Richtung bestimmt ist. 2. phys. Größe, die nur durch Betrag und Richtung genau bestimmt ist, im Gegensatz zum Skalar, welcher bereits durch eine Angabe definiert ist.

Verharrungsgesetz, Die Natur versucht einen bestehenden Zustand aufrecht zu erhalten. Ist eine Masse in Ruhe, so verharrt sie in Ruhe, ist sie in Bewegung, so bleibt sie in Bewegung. -> Impulserhaltungsgesetz

Wellen, stetige wellenförmige Veränderung des Energiezustands.

Zentrifugalkraft, nach außen (vom Zentrum weg) gerichtete Kraft.

Zentripetalkraft, nach innen (zum Zentrum) gerichtete Kraft.

" Stichwortverzeichnis: